U0246384

北京大学优秀教材

北京大学化学实验类教材

化学实验室安全知识教程

北京大学化学与分子工程学院
实验室安全技术教学组 编著

图书在版编目(CIP)数据

化学实验室安全知识教程/北京大学化学与分子工程学院实验室安全技术教学组编著.—北京：北京大学出版社，2012.12
(北京大学化学实验类教材)
ISBN 978-7-301-20975-2

Ⅰ.①化… Ⅱ.①北… Ⅲ.①化学实验－实验室管理－安全管理－高等学校－教材
Ⅳ.①O6-37

中国版本图书馆CIP数据核字(2012)第163143号

书　　　名：化学实验室安全知识教程
著作责任者：北京大学化学与分子工程学院实验室安全技术教学组　编著
责 任 编 辑：郑月娥
标 准 书 号：ISBN 978-7-301-20975-2/O·0876
出 版 发 行：北京大学出版社
地　　　址：北京市海淀区成府路205号　100871
网　　　址：http://www.pup.cn　　新浪官方微博：@北京大学出版社
电 子 邮 箱：编辑部 lk2@pup.cn　总编室 zpup@pup.cn
电　　　话：邮购部 62752015　发行部 62750672　编辑部 62767347　出版部 62754962
印　刷　者：北京市科星印刷有限责任公司
经　销　者：新华书店
787毫米×980毫米　16开本　12.25印张　260千字
2012年12月第1版　2023年9月第13次印刷
定　　　价：39.00元

未经许可，不得以任何方式复制或抄袭本书之部分或全部内容
版权所有，侵权必究
举报电话：010-62752024　电子信箱：fd@pup.pku.edu.cn

内容简介

本书是北京大学化学与分子工程学院本科生和研究生必修课程"(化学)实验室安全技术"的配套教材，系统全面地讲解了化学实验室安全知识和技术。

全书共分10章，第1章重在强调实验室安全的重要性以及实验室安全教育的必要性；第2章主要讲解燃烧和火灾的基本理论以及火灾预防、扑救和逃生疏散；第3章讲解各类消防设施与消防器材；第4章讲述了爆炸品、气体、易燃液体、易燃固体、自燃物品、遇水放出易燃气体的物质、氧化性物质和有机过氧化物、毒性物质和感染性物质、腐蚀品等九大类危险化学品的安全知识；第5章主要从人身安全、电气设备安全、电气线路安全、用电环境安全四方面讲解用电安全常识；第6章讲解了压力容器尤其是气体钢瓶的基础安全知识以及真空技术基础知识；第7章介绍了电离辐射和非电离辐射的本质、种类、来源和计量方法，针对实践中常见的内、外辐照产生的生物效应及对人体的危害，简述了各类辐射的防护标准和原则，以及如何开展辐射剂量监测和防护实践，并探讨了辐射类实验室应采取的安全措施；第8章介绍化学实验过程中的基本安全操作；第9章讲解实验过程中的人身防护以及常见实验事故应急处理方法；第10章讲解化学危险废物处理的知识。另外，附录部分给出了常见化学毒性物质中毒症状与急救方法，以及一些实验室安全事故典型案例等。

本书可作为高等院校化学、化工等相关专业安全教育方面的教材，也可供科研人员和技术工作者参考和培训使用。

安全实验,快乐探索

我们处在一个媒体时代,时常会看到或听到世界各地各种各样的自然与人为灾难的报道:地震、海啸、飓风、洪涝、暴雪、干旱、火山爆发、森林大火、核辐射泄漏、飞机失事、火车出轨、汽车相撞、邮轮触礁,以及矿难、瘟疫、战争、恐怖活动等等。大部分自然灾难非人力可抗拒,只能通过预警和抗灾来减轻损失。但是,人为灾难是人类疏忽或者蓄意造成的,大部分是可以预防和制止的。可以说,人类文明发展的历史,可以看成是一部减灾抗灾防灾的历史。

化学是一门实验科学,化学研究活动离不开实验室,她常常是新的化学发现的场所,同时,她也是化学人才培养的摇篮。很不幸的是,像这样一个美好的实现理想的地方,如果缺乏安全知识和制度保障,也会出现安全事故甚至灾难。如近年来持续受到关注和报道的一个典型事例:2008 年 12 月 29 日,美国加州大学洛杉矶分校(UCLA)研究助理 Sheharbano Sangji 在实验取用丁基锂过程中药品自燃,由于未穿实验服,她的衣服和身上着火,造成严重烧伤并于 18 天后死亡。当地法院一审判决 Sangji 的导师 Patrick Harran 和加州大学洛杉矶分校(UCLA)犯有故意违反健康与实验室安全标准造成雇员死亡之罪。如何避免类似的惨痛事故和灾难,保障化学工作者在实验室的安全,已经成为每个在实验室工作的人所必须高度重视的问题。过去的十多年中,我自己的科研实验室,也有过切身之痛,发生过几次不应该发生的安全事故:过氧化物超量使用引起的玻璃反应瓶爆炸、金属钠处理四氢呋喃回流时压力过大引起的着火、以及实验中可能生成的高氯酸肼的自燃引起的火情。尽管未伤及人员,但是教训值得吸取。一方面,反映出我们警惕性不高,防范意识不强,另一方面,也暴露出我们在一些安全知识方面的缺陷,需要加强安全知识的教育。

实际上,前人的长期大量科学实践,已经为我们提供了很多预防实验室事故,保障实验室安全的措施、办法和规章。比如,在化学实验室,必须穿实验服,必须佩戴防护眼镜,必须掌握水、电、气、压、辐射等的安全使用规范,必须遵守溶剂处理和回收的规程,必须知晓危险化学品的特性并遵守其使用的安全规定，必须掌握基本的安全消防的措施和应急处理逃生的办法，等等。只要时刻保持安全意识，养成良好的安全习惯，化学实验室的安全就是有保障的！我相信，《化学实验室安全知识教程》的出版，对于化学工作者掌握安全知识、防范和避免安全事故，将起到重要作用。

祝愿在化学实验室工作甚至来实验室参观访问的所有人都能在平安中享受化学的乐趣。

北京大学化学与分子工程学院教授

中国科学院院士　高松

2012 年 9 月 27 日

前　言

实验室是科学研究和人才培养的重要基地，也是危机四伏、意外频发的场所。特别是化学实验室，因使用多种危险化学品和各类电气设备，且往往涉及高温、高压、真空、辐射、磁场、强(激)光等危险因素，加之实验室人均使用面积狭窄，实验人员长时间工作易致疲劳，诸多安全隐患使化学实验室安全问题不容忽视，开展化学实验室安全教育非常必要。

北京大学化学与分子工程学院历来重视实验室安全教育工作。20世纪90年代以前，化学实验室安全教育讲座已成为进入实验室做毕业论文学生的必修环节，1993年10月编写了讲义雏形《化学实验室安全知识问答》。2000年我们率先开设了国内高校化学专业必修课程——"化学实验室安全技术"，2003年编写了配套讲义《化学实验室安全知识简明教程》。课程开设十多年来，深受学生的欢迎，并有院外和校外学生前来听课，很多国内兄弟院校也来学习交流开设化学实验室安全技术课程的经验。但由于化学实验室安全知识体系非常复杂，专业及领域涵盖面广泛、信息量庞大，国内至今缺乏高校化学及相关学科安全教育方面的配套教材，给教学工作带来很大不便，因而编写化学实验室安全教育的教材是一项非常有意义而且迫在眉睫的工作。鉴于此，2010年6月，我们结合现阶段高校化学实验室普遍的安全现状以及安全教育教学的需求，对"化学实验室安全技术"课程讲义进行了全新编写，删除其中涉及面窄、通用性不强的章节，更新各章中过时的知识点、国家标准及行业规范，并新增了绪论、消防设施与消防器材、辐射安全与防护、实验事故的防范与应急处理、实验室危险化学废弃物处理五大章，以及各章思考题和附录部分。经过两年多的努力，终将6万多字的学院内部讲义编写为现在的20余万字正式通用教材——《化学实验室安全知识教程》，教材既涵盖了安全教育通用知识，又具有化学实验室特色，是化学及相关专业安全教育、培训以及教学的合适教材。

本书由北京大学化学与分子工程学院实验室安全技术教学组编写，编写组成员有杨玲、吕明泉、杨德胜、谢景林、高珍等。杨玲主持并组织全书的编写工作，承担出版相关的事务以及全书的整理和统稿工作，并负责第1、8、9章和附录6的编写；吕明泉负责第2、3、4(除4.7节外)、10章的编写；杨德胜负责第4章的4.7节，第5、6章，以及附录3的编写；谢景林编写了第7章的7.2～7.5节和附录4；高珍编写了第7章的7.1节，7.6～7.9节。

感谢学院历任分管安全副院长倪朝烁、焦书明、朱涛对本书的编写、出版的支持和指导。感谢北京市红十字会应急救护培训工作指导委员会马桂林老师对“心肺复苏术”部分编写工作的大力支持。感谢严洪杰等“化学实验室安全技术”课程历届任课教师们的辛苦付出与努力。感谢为本书的出版给予帮助和支持的裴坚、田曙坚等所有热心老师。

限于编写水平，本书错误在所难免，敬请专业人士和广大读者批评指正。

北京大学化学与分子工程学院
实验室安全技术教学组
2012年7月

目　　录

第1章 绪　　论

1.1 实验室安全的重要性

实验室是科学的摇篮、研究的基地，对科技发展起着至关重要的作用。高等院校的实验室更是肩负着科学研究和实验教学的双重使命，是知识创新和人才培养的重要阵地。为确保实验室正常发挥作用，必须重视实验室安全。安全的本质是保护生命和健康，是一切社会活动顺利进行的前提，没有安全一切都是空谈，更无从谈及科研和教学工作。

随着我国高等教育事业的飞速发展，高校规模不断扩大，学生人数日益增多，实验室的教学和科研任务也日益繁重，实验室安全问题也越发凸显。调查发现，近年来高校安全事故频出，其中相当一部分是发生在实验室。实验室作为一个人员和设备资产相对集中的场所，一旦发生安全事故，既干扰正常的教学秩序和科研计划，也会给国家财产带来巨大损失，更对师生健康乃至生命造成重大威胁。惨痛的教训、严酷的事实使实验室安全问题不容忽视。

实验室客观存在的诸多不安定因素要求我们必须时刻保持警惕。一方面，实验室人员密集，空间拥挤，活动频繁，工作时间长易致疲劳，注意力不够集中，这些因素都使实验室的活动存在一定的风险；另一方面，实验室尤其是化学实验室，使用和存放的物品种类繁多，水、电、气用量大，导致实验室环境复杂、隐患遍布。实验过程中不仅用到易燃液体、氧化性物质、毒害品、感染性物品和腐蚀性物品等危险化学品，还需使用大量电气设备，并涉及强(激)光、高温、真空、辐射、高压、磁场等危险因素，极易引发安全事故，甚至会导致连锁式反应灾难。例如，压力容器一旦发生爆炸，它超强的做功能力将成为导火索，引爆各种安全隐患，造成严重的人员伤亡和财产损失。

随着教育的国际化，实验室安全问题已是全球共同关注的话题。2011 年 9 月国内媒体披露了黑龙江省某大学师生因动物实验感染布鲁氏杆菌病的事件。2011 年 4 月 13 日美国耶鲁大学大四女生米歇尔因头发被车床绞缠致颈部受压迫窒息身亡。2008 年 12 月 29 日美国加州大学洛杉矶分校(UCLA)学生 S. Sangji 在化学实验过程中被烧伤致死。后两起事故均引起国际权威杂志 *Nature*、*Science* 的关注和报道。2011 年 12 月 27 日，美国洛杉矶地方法院判决 S. Sangji 的导师 P. Harran 和 UCLA 有罪，更是将实验室安全问题推到了全球舆论的风口浪尖。惨痛的事故教训深刻，更给我国实验室安全工作敲响了警钟：生命没有回头路，事故没有后悔药，实验室工作必须常抓不懈，警钟长鸣！

有备、警觉是安全的双保险，麻痹、无备是事故的两温床。实验室管理部门以及任何进入实验室的人员（甚至参观者）都必须牢固树立"以人为本，安全为天"的思想，充分认识到实验室安全的重要性，在日常工作中切实做到居安思危，切忌马虎大意及侥幸心理。

1.2 实验室安全教育的必要性

实验室的功能特点决定了其内部环境和工作活动或多或少地具有一定的风险。实验人员作为实验室活动的主要实施者或参与者，必须具备一定的责任意识、安全知识和应变技能，才能消除日常工作中的安全隐患，减少意外的发生，或在意外发生之后能够合理应对、化险为夷。因此，必须将实验室安全教育作为实验室准入制度的前置环节。系统的实验室安全教育可以唤起实验室人员的安全意识和责任感，赋予其相关的安全知识和技能，促使其养成科学、健康、安全的实验室行为习惯。

1. 实验室安全教育是保障实验室安全的关键措施

调查研究发现，近年来国内高校大多数实验室安全事故的根本原因在于实验者安全意识淡薄，思想麻痹大意，缺乏实验室安全的必要知识及技能，甚至进行违规操作。如果在进入实验室之前对实验者进行严格全面的实验室安全教育，使他们有足够的安全意识并具备必要的安全知识和技能以及事故防范能力，就能最大限度地避免实验室安全事故发生，保障实验室安全顺利运转。因此，开展实验室安全教育是确保实验室安全的必要环节和关键措施，实验室管理部门应认真做好这方面的工作。

2. 实验室安全教育是提高学生安全素质和构建安全文化的迫切需求

安全素质是学生综合素质的重要组成部分。在我国的高等教育体系中提倡素质教育，但没有突出对学生安全素质的要求，一些学校也没有把提高学生的安全素质列入教学计划。这造成了一个严峻的事实——安全事故中学生缺乏安全逃生、科学施救的知识和技能已成为一个普遍存在的问题。

近些年来发生的各类安全事故就严重暴露出我们安全文化教育的缺失。因此，高校有必要通过开展安全教育提高学生的安全素质，形成良好的校园安全文化氛围。学生在将来走上社会后，也会把安全文化融入安全观念、安全行为、安全管理中，使自己受益终身，对国家也有非常重要的意义。据《中国青年报》社会调查中心对千名大学生进行的在线调查结果显示，77.5% 的大学生赞成高校开设安全教育类课程，82.9% 的人认为应当进行应对突发事件的演习。这也反映了大学生对于安全教育的迫切需求。安全教育关系到全民安全素质的提高，高校实验室安全教育是大学生安全素质培养的必然需求。

3. 实验室安全教育是国家法律法规的要求

在"以人为本，安全第一，预防为主"的指导思想下，安全教育已经逐步纳入制度化、法制化的轨道。1992 年原国家教委颁布的《普通高等学校学生安全教育及管理暂行规定》明确指出："高等学校应把对学生进行安全教育作为一项经常性的工作，列入学校工作的重要议事日程，加强领导。"2002年9月1日开始实施的教育部12号令《学生伤害事故处理办法》指出："学校应当对在校学生进行必要的安全教育和自护自救教育……学校组织学生参加教育教学活动，未对学生进行相应的安全教育，并未在可预见的范围内采取必要的安全措施的，学校应当依法承担相应的责任。"2010年1月1日起施行的教育部《高等学校消防安全管理规定》第三十五条规定："学校应当将师生员工的消防安全教育和培训纳入学校消防安全年度计划。"上述法律法规的陆续施行，表明我国越来越重视高校安全教育工作。作为安全隐患诸多、安全事故多发的场所，实验室的安全教育更是重中之重。

4. 实验室安全教育是新形势下教育国际化的要求

在我国经济迅速发展的新形势下，高等教育快速发展，高教事业的国际化步伐也在加快，国际交流日益频繁，这顺应了社会对高等教育日益增长的需求。然而国内高校的实验室安全教育发展滞后于整体教育的发展，尤其是与实验室安全教育体系较为成熟完善的我国香港等发达地区及日本、美国等国家的高校相比，整体水平存在明显差距。这也要求国内高校加强实验室安全教育，构建一个科学的、长效的实验室安全教育体系，适应教育国际化的趋势。

思考题

1. 化学实验室常见的安全隐患有哪些？
2. 实验室安全教育的主要目的是什么？
3. 谈谈你对实验室安全的认识。

主要参考资料

[1] Richard van Noorden. Chemistry professor faces criminal charges after researcher's death [EB/OL]. http://blogs.nature.com/news/2011/12/chemistry-professor-faces-criminal-charges-after-researcher%E2%80%99s-death.html. 2011-12.

[2] 张志强，李恩敬. 高等学校实验室安全教育探讨. 实验技术与管理，2011，28(1)：186～189.

[3] 杨玲，吕明泉，杨德胜. 化学实验室安全技术课程建设的探索与实践. 大学化学，2010，25(6)：23～24.

第2章 消防安全

2.1 燃烧与爆炸的基本知识

2.1.1 燃烧的条件

1. 燃烧的必要条件

燃烧是指可燃物与助燃物相互作用发生的放热反应，通常伴有火焰、发光和(或)发烟现象。燃烧具有两个特征：一是有新的物质产生，二是燃烧过程中伴有发光发热现象。在时间或空间上失去控制的燃烧就形成了火灾。为了有效地控制和扑灭火灾，有必要对燃烧的条件、类型、产物及危害等基本知识等有一定的了解，以便通过控制和破坏燃烧的必要条件，达到控制和扑灭火灾的目的。

任何物质发生燃烧，都有一个由未燃烧状态转向燃烧状态的过程。发生燃烧必须同时具备三个必要条件：可燃物、助燃物(氧化剂)和引火源(温度)。可燃物是指能与空气中的氧或其他氧化剂发生燃烧反应的物质。助燃物(氧化剂)是指有较强的氧化性能，能帮助和支持可燃物燃烧的物质，即能与可燃物发生燃烧反应的物质。引火源(温度)是指供给可燃物与氧或其他助燃物发生燃烧反应的能源。没有可燃物质，燃烧就失去了基础；没有助燃物，就不能形成燃烧反应；但即使有了可燃物、助燃物而没有引火源把可燃物加热到燃点以上，燃烧也不能开始。

研究表明，大多数有焰燃烧，其过程中存在游离基(自由基)作中间体。自由基是一种高度活泼的化学基团，能与其他自由基或分子起氧化反应，从而使燃烧按链式反应迅速扩展。因此，有焰燃烧的发生除了上述三个必要条件外，存在未受抑制的链式反应也是其能进行的条件之一。

2. 燃烧的其他条件

对于燃烧来说，上述三个条件是必要的，但还不是充分的。有时即使燃烧的三个必要条件都具备，燃烧也不一定发生。这是因为可燃物、助燃物、引火源都存在极限值，达不到相应的极限值，燃烧也不能发生。所以，有关燃烧中的“量”的概念也是非常重要的。

首先，可燃物应具备一定的数量或浓度。达不到可燃物燃烧所需的数量或浓度，燃烧不会发生。如甲烷在空气中的浓度低于5%时就不会发生燃烧。

其次，必须提供足够的助燃物。可燃物质在空气中燃烧必须要有充足的氧(空气中的含氧量为 21%)。当空气中的含氧量降低时，燃烧会逐渐减弱，甚至停止。不同的可燃物引起燃烧所需要的最低含氧量是不同的，如乙醚在空气中需要的最低含氧量为 12%，低于最低含氧量燃烧就不会发生。

再次，引火源还应具备一定的温度和足够的能量。各种不同的可燃物发生燃烧，均有固定的点火能量要求，达到这一能量要求才能发生燃烧反应。

对于无焰燃烧，以上三个条件同时存在，相互作用，燃烧即会发生；而对于有焰燃烧，除以上三个条件外，燃烧过程中存在未受抑制的游离基(自由基)，且形成链式反应使燃烧能够持续下去，亦是燃烧的充分条件之一。

2.1.2 燃烧的类型

燃烧按其形成的条件和瞬间发生的特点以及燃烧的现象，可分为闪燃、阴燃、自燃和着火四种类型。

1. 闪燃

可燃物表面挥发出的可燃气体与空气混合后遇火发生一闪即灭的现象，叫做闪燃。发生闪燃的最低温度叫闪点。闪点有开杯(OC)和闭杯(CC)两种值，一般未做标注的是闭杯的闪点。开杯是蒸气与空气自由接触时遇火燃烧的最低温度，闭杯是封闭环境里“饱和蒸气”与空气的混合物遇火燃烧的最低温度。闭杯比开杯测定的闪点要低几度(℃)，但开杯更接近实际情况。闪燃是短暂的闪火，不是持续的燃烧，它是引起火灾事故的危险因素之一。物质的闪点越低，燃爆危险性越大。表 2-1 是部分物质的闪点。

表 2-1 常见物质的闪点①

物质名称	闪点/℃	物质名称	闪点/℃	物质名称	闪点/℃
二硫化碳	−30 (CC)	三硝基苯酚	150 (CC)	甲醇	12 (CC)
丙酸	54 (CC)	苯酚	79 (CC)	甲乙醚	−37 (CC)
甲苯	4 (CC)	环氧乙烷	−29 (OC)	乙醇	13 (CC)
甲醚	−41 (CC)	异丙醇	11 (CC)	乙醛	−39 (CC)
乙醚	−45 (CC)	丙酮	−18 (CC)	乙胺	−17 (CC)
乙苯	12.8 (CC)	乙酸乙酯	7.2(OC)	乙酸酐	49(CC)

2. 阴燃

阴燃是一种没有明火的缓慢燃烧现象，它是可燃固体由于供氧不足而形成的一种缓慢的氧化反应。阴燃属于火灾的初起阶段，由于没有明火，只是冒烟，一般不会引人注意，一旦遇到合适条件，就会迅速转化为明火，造成更大危害。

---

① 本章节内数据除注明外均来自：张海峰，主编. 危险化学品安全技术全书. 第二版. 北京：化学工业出版社，2008.

3. 自燃

可燃物在无外界火花、明火等火源的作用下，因受热或自身发热而积热不散引起的燃烧，称做自燃。在规定的条件下，物质在空气中发生自燃的最低温度称为该物质的自燃点。当温度达到自燃点时，物质与空气接触不需要明火的作用就能发生燃烧。物质自燃点越低，发生火灾的危险性就越大。表 2-2 是部分物质的自燃点。

表 2-2 常见物质的自燃点

物质名称	自燃点/℃	物质名称	自燃点/℃	物质名称	自燃点/℃
二硫化碳	90	苯	560	甲醇	464
丙酸	485	三硝基苯酚	300	甲乙醚	190
丙烷	450	苯酚	715	乙醇	363
丙烯	460	异丙醇	456	乙醛	175
甲苯	480	氨气	651	乙胺	385
甲醚	350	环氧乙烷	429	环己烷	245
乙醚	160～180	甲烷	537	白磷	30
乙苯	432	丙酮	465	硫化氢	260

自燃可分为受热自燃和自热自燃。可燃物质在外部热源的作用下温度升高，当达到其自燃点时着火燃烧，称为受热自燃。可燃物质由于自身的化学反应、物理或生物作用等产生大量的热，热量聚集使温度升高至自燃点而发生自行燃烧的现象，称为自热自燃。

自热自燃和受热自燃的区别在于热的来源不同。自热自燃的热来源于物质本身的热效应，而受热自燃的热来源于外部的热源。自热自燃的火焰大都从内向外燃烧，而受热自燃的火焰是从外向内燃烧。由于自热自燃不需要外部热源，在常温或低温下也能发生自燃，因此其火灾危险性更大。

4. 着火

可燃物在空气中与火源接触引起燃烧，移去火源后仍能持续燃烧的现象，叫做着火。可燃物发生持续燃烧的最低温度叫做燃点。物质的燃点越低，越容易着火，火灾危险性也越大。表 2-3 是部分物质的燃点。

表 2-3 常见物质的燃点

物质名称	燃点/℃	物质名称	燃点/℃	物质名称	燃点/℃
甲醚	180～190	二硫化碳	100	乙酸	550
乙醚	350	丙苯	450	乙酸乙酯	425.5
丙烷	466.1	乙二醇	118	环己酮	420
苯	562.2	乙苯	432	氰化氢	538
乙醇	390～430	丙酮	561	丁烷	430
环己烷	259	异丙苯	423.9	苯乙烯	490
二甲亚砜	300～302	甲醇	470.0	甲苯	552
液氨	651	樟脑	532	烯丙醇	378

表中数据引自：程能林. 溶剂手册. 第三版. 北京：化学工业出版社，2002.

2.1.3 燃烧的产物及危害

燃烧产物主要指可燃物质燃烧时产生的气体、烟雾等物质。燃烧产物的产生取决于可燃物的组成和燃烧条件，按其燃烧的完全程度分为完全燃烧产物和不完全燃烧产物。物质燃烧后产生不能继续燃烧的新物质叫完全燃烧产物。物质燃烧后产生还能继续燃烧的新物质称为不完全燃烧产物。大部分可燃物是由碳、氢、氧、硫、磷和氮等元素组成，这些物质燃烧时生成二氧化碳、一氧化碳、氰化氢、水蒸气、二氧化硫、二氧化氮、一氧化氮等产物。一些有机物质在氧气供应不足或温度较低的条件下燃烧，会生成醇类、酮类、醛类、醚类以及其他一些复杂的化合物。

燃烧的主要产物是烟气，烟气对人体最主要的危害是烧伤、窒息和吸入气体中毒。火场上的高温烟气可导致人体循环系统衰竭，气管、支气管内黏膜充血起水泡，组织坏死，并引起肺水肿而窒息死亡。烟气的减光性可影响人员的安全疏散和火灾的施救，恐怖性还可造成人心理上的恐慌。燃烧产生的有毒气体可引起人体麻醉、窒息，甚至导致死亡。大量事实表明，火灾死亡人数中大约有80%是由于吸入毒性气体而致死的。有些不完全的燃烧产物还能与空气形成爆炸性混合物，遇火源而发生爆炸，造成火灾蔓延。

以下是部分燃烧产物对人体的危害：

氰化氢：它是一种迅速致死、窒息性的毒物。中毒轻者可引起头昏、恶心，重者可发生呼吸障碍甚至死亡。

一氧化碳：它对血液中血红蛋白有亲和性，对血红蛋白的亲和能力比氧气高出250倍，能阻碍人体血液中的氧气输送，引起头痛、虚脱、神志不清等症状和肌肉调节障碍。

二氧化碳：它是一种无色、无嗅、略带酸味的气体，大气中含量一般为0.027%～0.036%。如果它在大气中的含量为8%～10%时，会引起人在短期内死亡。含碳物质燃烧时，通常产生大量二氧化碳。

氯化氢：它是一种无色、有刺激性气味的气体，对眼和呼吸道黏膜有强烈的刺激作用。急性中毒可引起头痛、恶心、呼吸困难、胸闷，重者可发生肺炎、肺水肿。

二氧化氮和其他氮的氧化物：它们在人体吸入后与呼吸道黏膜上的水分子作用形成硝酸和亚硝酸盐，对肺组织产生刺激和腐蚀作用，能引起即刻死亡及滞后性伤害。

二氧化硫：它对呼吸道黏膜和眼睛有强烈的刺激作用。少量吸入会引起咽喉干痛、流涕流泪等症状；大量吸入会引起呼吸困难、支气管炎、肺水肿，甚至死亡。

2.1.4 爆炸

1. 爆炸的定义

爆炸是物质在外界因素激发下发生物理和化学变化，瞬间释放出巨大的能量和大量气体，发生剧烈的体积变化的一种现象，即物质迅速地发生反应，在瞬间以机械功的形式放出巨大能量和发出声响，或气体在瞬间发生剧烈膨胀的现象。

2. 爆炸的分类

爆炸按发生的原因和性质不同，可分为物理爆炸、核爆炸和化学爆炸三种形式。

(1) 物理爆炸　物质因状态或压力发生突变而形成爆炸的现象，称为物理爆炸。爆炸的前后，爆炸物质的性质及化学成分均不改变。

(2) 核爆炸　是指物质因原子核在发生“裂变”或“聚变”的链式反应瞬间放出巨大能量而产生的爆炸。

(3) 化学爆炸　是指物质在瞬间完成化学反应，产生大量气体和能量的现象。爆炸前后物质的性质和化学成分发生根本的变化。化学爆炸按爆炸时所发生的化学变化的形式，可分为简单分解爆炸、复分解爆炸和爆炸性混合物爆炸。

根据爆炸瞬间燃烧速度的不同，爆炸还可分为轻爆、爆燃、爆轰。物质爆炸时燃烧以每秒数十厘米至数米的速度传播称为轻爆，此类爆炸产生的破坏力不大，声响也不大。以每秒 10 米至数百米的速度传播称为爆燃，此类爆炸有较大破坏力，有震耳的声响。以每秒 1000 米至数千米的速度传播称为爆轰，由于短时间内发生燃烧产物急剧膨胀，产生冲击波，此类爆炸破坏力巨大。

2.1.5　爆炸极限

可燃气体或蒸气与空气混合形成爆炸性混合物，浓度达到一定范围时，遇火源立即发生爆炸。爆炸性混合物发生爆炸的浓度范围称为爆炸极限，发生爆炸的最低浓度称为爆炸下限，最高浓度称为爆炸上限。评定气体火灾危险性的大小可用爆炸极限来表示，爆炸极限越低、范围越大，火灾危险性就越大。例如乙炔在空气中的爆炸上限为 82%，爆炸下限为 2.5%，爆炸极限为 2.5%～82%，极易发生爆炸。表 2-4 是部分物质的爆炸极限。

表 2-4　常见物质的爆炸极限

物质名称	爆炸极限/%	物质名称	爆炸极限/%	物质名称	爆炸极限/%
戊烷	1.5～7.8	乙醇	3.3～19.0	一氧化碳	12.5～74.2
己烷	1.1～7.5	甲醇	6.0～36.5	乙苯	1.0～6.7
庚烷	1.1～6.7	甲醚	3.4～27	乙烷	3.0～12.5
异丙醚	1.4～22.0	二甲胺	0.6～5.6	乙炔	2.5～82
乙醚	1.7～49.0	氢气	4.0～75.6	乙烯	2.7～36.0
丙烷	2.1～9.5	氨气	15～28	苯甲醚	1.3～9
苯	1.2～8.0	二硫化碳	1.3～50.0	甲乙醚	2.0～10.1
甲苯	1.1～7.1	甲烷	5.0～15.0	乙胺	3.5～14.0

2.1.6 影响爆炸极限的因素

爆炸极限是在一定条件下测得的数据，不是固定不变的。它随着外界条件如温度、压力、含氧量、惰性气体含量、火源强度等因素变化而变化。

1. 初始温度

混合气体的初始温度升高，会使分子的反应活性增加，爆炸下限降低、上限提高，爆炸危险性增加。

2. 含氧量

混合气体中含氧量增加可使爆炸上限增高，爆炸极限范围扩大，爆炸危险性增加。如甲烷在空气中的爆炸极限是5.0%～15.0%，在纯氧中的爆炸极限则是5.0%～61.0%。若减少空气中的含氧量，低于甲烷的极限含氧量，甲烷就不会燃烧爆炸了。

3. 压力

混合物的压力升高，会使爆炸上限显著增加，爆炸极限范围扩大，爆炸危险性增加。

4. 惰性气体含量

混合物中加入惰性气体，如氮气、二氧化碳、氩气等，可使爆炸上限显著降低，爆炸极限范围缩小。惰性气体增加到一定浓度时，可使混合物不能爆炸。增加惰性气体的浓度对爆炸上限的影响更为明显，是因为增加惰性气体浓度，相对降低了含氧量，导致爆炸上限显著下降。

5. 火源强度

火源的强度高，受热面积大，火源与混合物接触时间延长，均使爆炸极限范围扩大，增加燃烧爆炸的危险性。

6. 容器

容器管道的直径越小，爆炸极限范围越小，发生爆炸的危险性越小。当容器管道的直径小到一定程度时，火焰因不能通过而熄灭。

2.1.7 防爆的基本措施

可燃物质发生化学爆炸必须具备三个条件：存在可燃物质；可燃物质与空气（或氧气）混合达到一定范围；具有足够的引爆能量。这三个条件共同作用才能发生爆炸。防止化学爆炸的发生就是要阻止这三个条件的同时存在和相互作用，如采取保持良好通风，防止爆炸物质聚集达到爆炸极限；在体系内通入惰性气体；系统密封，防止可燃物泄漏；安装监测和报警装置等措施，均可有效避免爆炸事故的发生。

2.2 火灾的特点和分类

2.2.1 火灾的特点

火给人类带来了文明和幸福，促进了人类物质文明的发展，但火灾也给人类造成了难以挽回的经济损失，夺去了许多人的健康甚至生命。根据造成火灾的原因和后果进行分析，火灾具有以下特点：

1. 严重性

火灾事故与其他事故相比，其后果更为严重，容易造成重大伤亡和重大经济损失。

2. 突发性

火灾事故往往在人们意想不到的时候发生，一方面是由于火灾监测、报警等手段的可靠性、实用性和广泛性不够理想以及人们的消防意识淡薄，另一方面是缘于对火灾事故征兆的了解和掌握不够。

3. 复杂性

发生火灾事故的原因多种多样。引起火灾的火源有明火、化学反应热、高温、摩擦、电火花等，可燃物有气体、液体、固体等。不同的火源和可燃物发生火灾后带来的损失和扑救的方法不同。

火灾从初起到熄灭可分为初期阶段、发展阶段、猛烈阶段和熄灭阶段等四个阶段。初期阶段是指物质在起火后的十几秒内，此时燃烧面积还不大，烟气流动速度较缓慢，火焰辐射出的能量还不多，周围物品和结构开始受热，温度上升不快，但呈上升趋势。初期阶段是火灾扑救的最佳阶段，如果错过此最佳扑救时机，将会造成严重的损失和伤害。发展阶段是由于燃烧强度增大，导致气体对流增强、燃烧面积扩大、燃烧速度加快的阶段。在这个阶段需要投入较多的力量和灭火器材才能将火扑灭。猛烈阶段是指由于燃烧面积扩大，大量的热释放出来，空间温度急剧上升，使周围的可燃物全部卷入燃烧，火灾达到猛烈程度的阶段，也是火灾最难扑救的阶段。熄灭阶段是指火场火势被控制住以后，由于灭火剂的作用或因燃烧材料已烧至殆尽，火势逐渐减弱直至熄灭的阶段。

2.2.2 火灾的分类

《火灾分类》国家标准发布以来，在消防工作中发挥了十分重要的作用，原标准根据物质燃烧特性将火灾分为A、B、C、D四类，随着火灾情况的变化，这种分类已经不能满足消防工作的要求。国际标准化组织于2007年对火灾分类标准进行了修订，我国火灾分类标准也随之进行了调整。根据国家质检总局、国家标准委联合发布的《火灾分类》(GB/T 4968—2008)的规定，按可燃物的类型和燃烧特性将火灾分为A、B、C、D、E、F六个不同类别,见表 2-5。

表 2-5 我国火灾分类标准

火灾类别	具体描述
A 类火灾	固体物质火灾,这种物质通常具有有机物性质,一般在燃烧时能产生灼热的余烬
B 类火灾	液体或可熔化的固体物质火灾
C 类火灾	气体火灾
D 类火灾	金属火灾
E 类火灾	带电火灾。物体带电燃烧的火灾
F 类火灾	烹饪器具内的烹饪物(如动植物油脂)火灾

要研究灭火的方法,首先要将火灾进行分类。扑救火灾时须根据火灾的类别选择合适的扑救方法和灭火器材。

2.3 火灾预防措施和火险扑救

2.3.1 预防火灾的基本措施

1. 控制可燃物

具体措施有:在选材时,尽量用难燃或不燃的材料代替可燃材料;对于具有火灾危险性的实验室,采用排风或通风方法以降低可燃气体、蒸气和粉尘在空气中的浓度;控制危险化学品的存量,分类存放等。

2. 隔绝空气

具体措施有:使用易燃易爆试剂的实验时可在密封的设备中进行;对某些异常危险的实验,可充装惰性气体保护;可隔绝空气储存某些危险化学品,如金属钠存于煤油中,黄磷存于水中等。

3. 清除火源

可采取隔离或远离火源、大型仪器接地、高层建筑避雷等措施,防止可燃物遇明火或温度升高而引起火灾。

4. 阻止火势或爆炸波的蔓延

为阻止火势、爆炸蔓延,就要防止新的燃烧条件形成。常用的措施有:在可燃气体管路上安装阻火器、水封;在压力容器、设备上安装防爆膜、安全阀;在建筑物之间留有防火间距,筑防火墙;在建筑物内安装防火门,设防火分区等。

2.3.2 灭火的基本方法

灭火主要是破坏燃烧的条件,通常有四种方法:

1. 冷却法

它是根据可燃物质发生燃烧时必须达到一定温度这个条件，将灭火剂直接喷洒在燃烧物表面，使可燃物质的表面温度降低到燃点以下，从而使燃烧停止。例如，用消防水进行灭火。

2. 窒息法

减少燃烧区域的含氧量，阻止空气流入燃烧区或用不燃烧物质冲淡空气，使火焰熄灭。例如，用不燃或难燃的灭火毯、湿棉被等捂盖燃烧物；用沙土埋没燃烧物；向燃烧物上喷射氮气、二氧化碳等气体；封闭已着火的建筑物或设备的空间等。

3. 隔离法

使燃烧物与未燃烧物分离，限制燃烧范围。例如，将燃烧区域附近的可燃、易燃、易爆物搬走；关闭可燃气体、液体的管路阀门，减少和阻止可燃物进入燃烧区；堵截流散的燃烧液体；拆除与火源毗连的易燃建筑和设备。

4. 抑制法

将化学灭火剂喷至燃烧物表面，使燃烧过程中的游离基(自由基)消失，抑制或终止使燃烧得以持续和扩展的链式反应，从而使燃烧减弱或停止。

2.3.3 发生火灾后应采取的措施

火灾发生后，应在向消防部门报警的同时，及时通知相邻房间的人员撤离，在确保自己能安全撤离的情况下，采取正确的灭火方法和选用适当的灭火器材积极进行扑救。常用的方法有：移走火点附近的可燃物；关闭室内电闸以及各种气体阀门；对密封条件较好的小面积室内火灾，在未做好灭火准备前应先关闭门窗，以阻止新鲜空气进入，防止火灾蔓延；尽可能将受到火势威胁的易燃易爆化学危险品、压力容器等危险物质转移到安全地带；根据火灾的性质、类别选用如灭火器、消火栓等相应的灭火器材进行灭火等。

2.3.4 火灾报警

《中华人民共和国消防法》(以下简称《消防法》)第四十四条规定："任何人发现火灾都应当立即报警。任何单位、个人都应当无偿为报警提供便利，不得阻拦报警。严禁谎报火警。"根据这一精神，火灾现场及附近的人员都应当积极扑救和报警。负有报警职责的人员若不及时报警，依据《消防法》的规定将受到处罚。

火灾发生后现场人员应迅速向火场周围人员、单位负责人及公安消防部门报警。向消防部门报警时，要准确地说明起火单位、地址、电话号码、燃烧部位、燃烧物品类别等信息，报警后应到路口接应消防车进入火场。

2.3.5 安全疏散和逃生自救

1. 安全疏散

安全疏散是指发生火灾时，现场人员及时撤离建筑物并到达安全地点的过程。人员疏散工作应由专人指挥，分组行动，互相配合。疏散过程中疏散人员应保持冷静，不要乱跑或盲目随从别人，应辨清着火源方位和有毒烟雾流动方向，尽可能避开烟雾浓度高的区域，向火场上风处进行疏散。现场负责人通过口头或火警广播及时通报火场情况，组织现场人员按照预定的顺序、路线进行疏散。首先应疏散着火层人员，然后是着火层以上楼层人员，最后是着火层以下楼层人员。在消防人员到达现场之前，火场上受火灾威胁的人员必须服从现场负责人的指挥；当公安消防人员到场后，由公安消防部门组织指挥。

生命是最重要的，不要因寻找、携带贵重物品而浪费宝贵的逃生时间，也不要在疏散过程中因携带过多财物而影响逃生速度。已经逃离险境的人员，切莫重返险地。发生火灾时建筑物内随时有可能断电，正在运行中的电梯会突然停止，使人员被困电梯内，故疏散时不可乘电梯。

2. 逃生自救

火灾发生后，由于火场上火势的不同，被困人员所处的位置也不一样，因此逃生自救的方法也不尽相同。被困人员应根据现场情况采取相应的措施和方法进行逃生自救。

当疏散通道着火，火势不大时，可用水把身上的衣服淋湿，或将毛毯、棉大衣等淋湿披在身上，用湿毛巾、口罩等捂住口鼻，低姿走出或爬出烟雾区。如果身上已经着火，应设法把着火的衣服脱掉或就地打滚，压灭火苗。若能及时跳进水中或让人向身上浇水，则更为有效。

如疏散通道被大火封堵，可将床单、被罩或窗帘等撕成条拧成麻花状或将绳索一端拴在门或暖气管道上，用手套、毛巾将手保护好，顺着绳索爬下逃生。也可借助建筑物外墙的落水管、电线杆、避雷针引线等竖直管线下滑至地面。通过攀爬阳台、窗口的外沿及建筑周围的脚手架、雨棚等突出物，也可以躲避火势和烟气。

无法撤离时，应退回房间或卫生间内，关闭通往着火区域的门窗，将毛巾、毛毯等织物钉或夹在门上，有条件时可向门窗上浇水，以延缓火势蔓延或烟雾侵入。千万不要躲避在可燃物多的地方。如房间内烟雾太浓，不宜大声呼叫，可用湿毛巾等捂住口鼻，防止烟雾进入口腔和呼吸道。在夜晚可使用手电筒或向室外扔出小东西发出求救信号。

火场逃生时切勿轻易跳楼，在万不得已的情况下，要选择较低的地面作为落脚点，可将沙发垫、厚棉被等抛下做缓冲物。

2.3.6 火灾现场的保护

《消防法》规定："火灾扑灭后，发生火灾的单位和相关人员应当按照公安机关消防机构的要求保护现场，接受事故调查，如实提供与火灾有关的情况。"火灾现场是火灾发生、发展和熄灭的客观真实记录，是提供查证火灾原因和痕迹物证的重要来源。任何有意或无意的人为破坏都会影响现场勘察工作的开展，影响对火灾原因做出准确的判断，故必须保护好火灾现场。

火灾现场的保护范围是受灾的全部场所和同火灾原因有关的地点。火灾现场的保护应有专人维持秩序，无关人员不得进入现场的保护范围，直到火场勘察工作完成为止。火灾扑灭后，应保持火灾现场范围内的原有物品避免损坏或挪动，对现场应严密监视，发现有复燃或异常情况应及时报告和采取措施，对现场内遗留的贵重物品等应予妥善管理和保护。

思考题

1. 什么是燃烧？燃烧的必要条件是什么？
2. 根据燃烧形成的条件和瞬间发生的特点以及燃烧的现象，燃烧可分哪几种类型？
3. 燃烧产物对人的主要危害有哪些？
4. 什么是爆炸？爆炸可分为几类？
5. 什么是爆炸极限？影响爆炸极限的因素有哪些？
6. 依据国家标准，火灾可分为几类？举例说明。
7. 预防火灾的基本措施有哪些？
8. 灭火的基本方法有哪些？
9. 假设你所在实验室发生火灾，火势将门封住，你能想到的逃生自救方法有哪些？
10. 火灾扑灭后，为什么要保护好火灾现场？

主要参考资料

[1] 国家标准《火灾分类》(GB/T 4968—2008).
[2] 中华人民共和国主席令第六号. 中华人民共和国消防法. 2009.
[3] 向光全，主编. 企事业消防安全管理. 武汉：湖北科学技术出版社，1996.
[4] 宋光积，主编. 实用消防管理学. 北京：中国人民公安大学出版社，2001.
[5] 宋光积，主编. 公众聚集场所消防. 北京：中国人民公安大学出版社，2002.
[6] 贾建民，主编. 中国消防协会，科普教育工作委员会组织编写. 公众聚集场所消防安全. 北京：中国石化出版社，2008.
[7] 孙绍玉，等. 火灾防范与火场逃生概论. 北京：中国人民公安大学出版社，2001.
[8] 郑瑞文，刘海辰，主编. 消防安全技术. 北京：化学工业出版社，2004.
[9] 何晋浙，主编. 高校实验室安全管理与技术. 北京：中国计量出版社，2009.
[10] 李五一，主编. 高校实验室安全概论. 杭州：浙江摄影出版社，2006.
[11] 张海峰，主编. 危险化学品安全技术全书. 第一卷(第二版). 北京：化学工业出版社，2007.
[12] 郑瑞文，刘海辰，主编. 消防安全技术. 北京：化学工业出版社，2004.
[13] 张荣，张晓东. 危险化学品安全技术. 北京：化学工业出版社，2009.
[14] 程能林. 溶剂手册. 第三版. 北京：化学工业出版社，2002.

第3章 消防设施与消防器材

3.1 火灾自动报警系统

火灾自动报警系统是建筑物内的重要消防设施，是现代消防不可缺少的安全技术措施。火灾自动报警系统能在火灾初期，将燃烧产生的烟雾量、热量、光辐射等物理量，通过火灾探测器转变成电信号，传输到火灾报警控制器，并同时显示出火灾发生的部位、时间等，使人们能够及时发现火灾，采取有效措施进行扑救，最大限度地减少因火灾造成的生命和财产的损失。

有关资料统计表明，凡是安装了火灾自动报警系统的场所，且报警系统运行正常，发生火灾一般都能及早报警，采取措施得当，不会酿成重大灾害。

3.1.1 火灾自动报警系统的组成

火灾自动报警系统由火灾触发器件、火灾警报装置、火灾报警控制器和消防联动控制系统等组成。火灾自动报警系统可以和自动喷水灭火系统，室内消火栓系统，防、排烟系统，通风系统，防火门等相关设备联动，自动或手动发出指令以启动消防设备。

1. 火灾触发器件

火灾触发器件是指通过自动或手动方式向火灾报警控制器传送火灾报警信号的器件，包括火灾探测器和手动火灾报警按钮。

手动火灾报警按钮是以手动方式发出报警信号、启动火灾自动报警系统的器件，是火灾自动报警系统的重要组成部分。一般设置在公共活动场所出入口处距地面高度约为1.3～1.5 m的墙面上。火灾发生时，压下按钮即可向火灾报警控制器发出报警信号。系统响应后，火警灯即亮，控制器发出声光报警并显示手动火灾报警按钮的位置。

火灾探测器是火灾自动报警系统的“感觉器官”，是通过监测火灾发生后火灾参数的变化向控制器传递报警信号的一种器件。火灾探测器可分为感温式、感烟式、感光式、可燃气体式和复合式五种。不同类型的火灾探测器适用于不同类型的火灾和场所，其中感温式和感烟式是我国用量较大的两种探测器。

(1) 感温式火灾探测器

这是一种响应异常温度、升温速率和温差的火灾探测器。感温探测器是利用感温元件接收被监测环境或物体对流、传导、辐射传递的热量,并根据测量、分析的结果判定是否发生火灾。感温探测器工作比较稳定,不受非火灾性烟尘雾气等干扰,误报率低,可靠性高。感温探测器按其性能可分为定温式、差温式、差定温式探测器。

定温式火灾探测器是一种对警戒范围内某一点的温度达到或超过预定值时而响应的火灾探测器,常用的有双金属型、易熔合金型和热敏电阻型等类型。定温式火灾探测器一般适用于环境温度变化较大或环境温度较高的场所。

差温式火灾探测器是当环境的升温速度超过特定值时,便会感应报警的一种探测器。差温式火灾探测器适用于火灾发生后温度变化较快的场所。

差定温式火灾探测器兼有定温和差温两种功能,其中一种功能失效,则另一种功能仍起作用,因而大大提高了可靠性,适用范围相当广泛。

可能产生阴燃火的场所不宜选择感温式火灾探测器。

(2) 感烟式火灾探测器

它是用于探测火灾初期的烟雾浓度的变化,并发出报警信号的探测器。感烟式火灾探测器可分为点型火灾探测器和线型火灾探测器,其中,点型火灾探测器又包括离子感烟探测器和光电感烟探测器,线型火灾探测器又包括红外光束感烟探测器和激光感烟探测器。

离子感烟探测器是探测器电离室内的放射源(镅-241)所电离产生的正、负离子,在电场的作用下各向负、正电极移动,一旦有烟雾窜进外电离室,干扰了带电粒子的正常运行,使电流、电压有所改变,破坏了内外电离室之间的平衡,探测器就会对此产生感应,发出报警信号。

光电感烟探测器有一个发光元件和一个光敏元件,从发光元件发出的光通过透镜射到光敏元件上,电路维持正常;如有烟雾从中阻隔,到达光敏元件上的光就会显著减弱,于是光敏元件就把光强的变化转换成电流的变化,通过放大电路发出报警信号。

红外光束感烟探测器是利用烟雾离子吸收或散射红外光束的原理对火灾探测器进行检测。正常情况下,发射器发出的红外线光束被接收器接收,当有火情时,烟雾扩散至红外线光束通过的空间,对红外线光束起到吸收和散射的作用,使接收器接收的光信号减少,从而发出火灾报警信号。

激光感烟探测器是利用光电感应原理,不同的是光源改为激光束。这种探测器采用半导体元件,具有体积小、价格低、耐震强、寿命长等特点。

感烟式火灾探测器主要适用于发生火灾后产生烟雾较大或可能产生阴燃的场所,如办公室、机房、库房、资料室等。对于相对湿度长期大于 95%,气流速度大于 $5\,m\cdot s^{-1}$,有大量粉尘、水雾滞留，可能产生腐蚀性气体，产生醇类、醚类、酮类等有机物质的场所不宜选用感烟探测器。

(3) 感光式火灾探测器

感光式火灾探测器又称火焰探测器，是用于响应火灾的光特性的一种探测器。它比感温式、感烟式火灾探测器的响应速度快，其传感器在接收到光辐射后的极短时间里就可发出火灾报警信号，适合对突然起火或爆炸而无烟雾产生的易燃易爆场所火灾的监测。

(4) 可燃气体式火灾探测器

该探测器是响应单一或多种可燃气体浓度变化的探测器。它是利用可燃气体浓度的变化对气敏元件欧姆特性的影响这一原理而制成的。当周围环境空气中可燃气体的浓度达到危险值时(一般取可燃气体浓度爆炸下限的1/4～1/6处)，即发出报警。

有可能散发可燃气体或可燃蒸气的场所适合安装可燃气体探测器，如储存氢气、甲烷的场所，使用管道天然气或管道煤气的场所等。

(5) 复合式火灾探测器

它是指具有两种或两种以上功能的火灾探测器，如感温感烟式、感温感光式等。该探测器可有效减少漏报警，但却增加了误报的可能性。

2. 火灾警报装置

火灾情况下能够发出声、光的火灾警报信号的装置称为火灾警报装置，该装置一般设在各楼层靠近楼梯的出口位置。声光报警器是一种最基本的火灾警报装置，它以声、光音响方式向报警区域发出火灾报警信号，使楼内人员安全疏散，并积极采取灭火救火措施。

3. 火灾报警控制器

它是火灾自动报警系统的核心部分，是能够接收并发出火灾报警信号和故障信号，为火灾探测器提供稳定的工作电源，监视探测器及系统自身的工作状态，同时完成相应的显示和控制功能的设备，主要具有以下功能：

火灾报警功能：将火灾探测器、手动报警按钮或其他火灾报警信号单元发出的火灾信号转换为火灾声、光报警信号，并显示火灾发生的部位、时间、火警总数，以及报警部件的地址、类型等信息。

火灾报警记忆功能和优先功能：当控制器收到火灾探测器送来的火灾报警信号时，能保持并记忆，同时也能继续接收、处理其他火灾报警信号。在系统存在故障的情况下出现火警，则报警控制器能由故障报警自动转变为火灾报警，当火警被清除后，又自动恢复原有故障报警状态。

联动控制功能：实现自动灭火设备、应急照明、声光报警设备、消防泵等设施与设备的联动输出。

系统测试功能：登录部件编号及当前地址，可直接进行地址设置、编程，能以单点、多点方式查看探测器检测值，对回路任一部件进行自检。

查询功能：可查询所有火警、预警、联动、故障、屏蔽和编程等信息，对任何部件都可按地址、类型、楼层等进行查询，能够以最便捷的方式，最快地查询到所需要的信息。

对讲电话功能：通过面板上的对讲电话插孔，插入电话分机与报警现场进行通话，方便、实用。现场插入电话分机时，控制器能发出电话振铃声。

消音及复位功能：火灾报警控制器发出声、光报警信号后，可通过控制器上的消音按钮人为消声。如果停止声响报警时又出现其他报警信号，火灾报警控制器应能进行声光报警。

故障检测功能：自动检测系统的线路故障（包括短路、断路等）、部件故障、电源故障等，以声、光信号发出故障警报，并显示故障发生的部位、时间、故障总数，以及故障部件的地址、类型等信息。

屏蔽功能：对各总线部件及火灾声光警报输出进行屏蔽。

打印功能：自动打印实时火警信息、预警信息、监管信息和联动动作信息，并能打印部件清单等。

主、备电自动切换功能：可进行主、备电自动切换，并具有相应的指示。备电具有欠压保护功能，避免蓄电池因放电过度而损坏。

4. 消防联动控制系统

它是指在火灾自动报警系统中，接收火灾报警控制器发出的火灾报警信号、按预设逻辑完成各项消防功能的控制系统。消防联动控制系统由消防联动控制器、模块、气体灭火控制器、消防电气控制器、消防设备应急电源、消防应急广播设备、消防电话、传输设备、消防控制室图形显示装置、消防电动装置、消火栓按钮等全部或部分设备组成。

一旦发生火灾，这一系统在控制器的作用下，可以自动开启一系列消防设备与设施，如防火门、火警广播、自动灭火设备、排烟风机等设备。为防止联动控制装置失控，火警广播及火灾事故照明、消防泵、防火卷帘等设备还设有手动开关，可以手动开启联动设备。

5. 电源

火灾自动报警系统设主电源和直流备用电源，且主、备电之间可自动切换。主电源应采用消防电源，主电源的保护开关不应采用漏电保护开关，以防造成系统断电不能正常工作。直流备用电源宜采用火灾报警控制器的专用蓄电池或集中设置的蓄电池。

3.1.2　火灾自动报警系统的类型

根据国家标准《火灾自动报警系统设计规范》(GB 50116—2013)，火灾自动报警系统可分为区域报警系统、集中报警系统、控制中心报警系统三种形式。

功能简单的火灾自动报警系统称为区域报警系统，适用于较小范围的保护。它由区域火灾报警控制器和火灾探测器等组成，如图 3-1 所示。

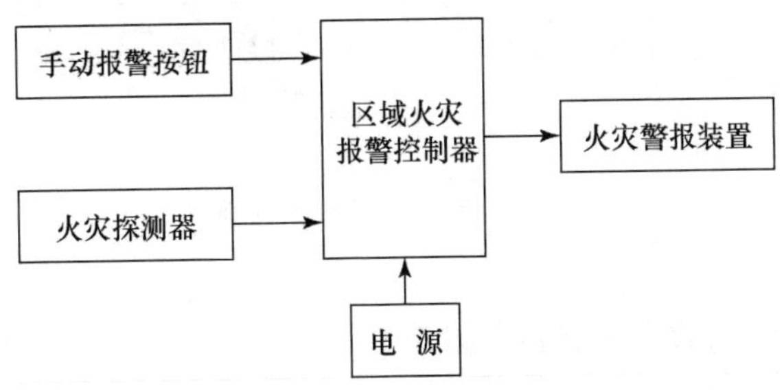

图 3-1　区域报警系统

功能较复杂的火灾自动报警系统称为集中报警系统，适用于较大范围或多个区域的保护。它由集中火灾报警控制器、区域火灾报警控制器和火灾探测器等组成，如图 3-2 所示。

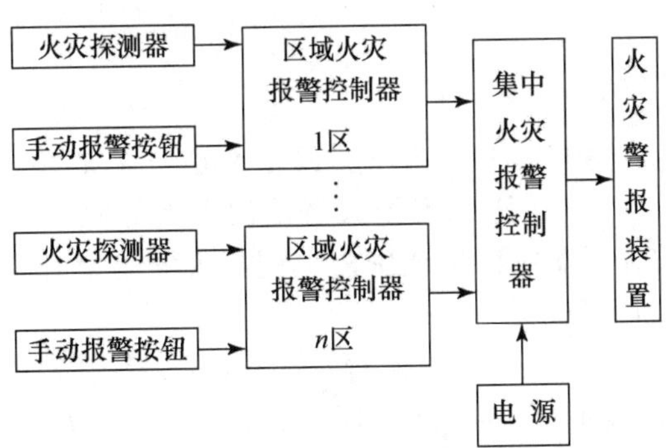

图 3-2　集中报警系统

功能复杂的火灾报警系统称为控制中心报警系统。它由消防控制室的消防控制设备、集中火灾报警控制器、区域火灾报警控制器和火灾探测器等组成，如图 3-3 所示。该系统容量较大，消防设施控制功能较全，适用于大型建筑的保护。

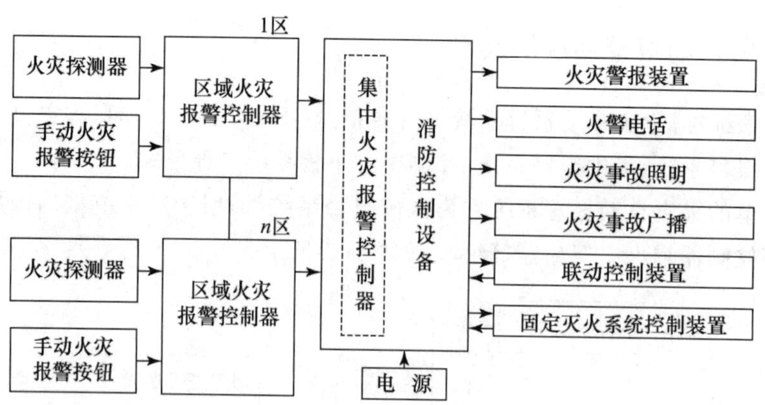

图 3-3 控制中心报警系统

3.1.3 火灾自动报警系统的维护和检查

火灾自动报警系统的维护和检查至关重要，是确保系统稳定、准确工作的重要保证。操作人员应加强系统日常运行管理，严格按照设备的操作规程进行使用，经常性地对设备进行维护、检查、保养。维护和检查主要包括：定期将火灾报警探测器送到专业清洗部门进行清洗，检查火灾报警控制器的功能是否正常，对火灾报警控制器功能进行试验等内容。

3.1.4 报警处理方式

火灾报警状态分为火情报警和误报警。误报警是指火灾探测器在保护范围内没有出现火情，而是由于系统出现故障或现场人员使用不当等原因导致系统发出火警的情况。火情报警是指火灾探测器在保护范围内检测到火灾发生时的烟、高温、火焰等火灾参数异常时，系统发出的报警。

发生火情报警时，值守人员应头脑冷静，保持镇定，通过火灾报警控制器的部位显示，查明火灾发生的地点及类型，并到现场查明情况。如值守人员确认火情发生，火情较小时，可根据着火类别使用相应的灭火器材进行扑救；若火情较大，在扑救的同时及时报警，并通知现场人员疏散，及时根据火灾发生的位置及状态启动相应的联动设备，如消火栓系统、喷淋系统、防排烟系统等消防设施。

若经查明为系统误报警，值守人员应将系统恢复到正常工作状态，并排除故障。对误报频繁而又原因不明的探测器应及时更换。

3.1.5 消防应急广播系统

消防应急广播系统是设置在消防控制室内用于火灾疏散、指挥的广播音响系统，是人员安全疏散和灭火指挥的重要设备，在消防控制管理系统中起着极其重要的作用。当有火灾事故等紧急情况发生时，值班人员通过设置在消防控制室的消防广播系统对火灾事故区进行紧急广播，发布火灾信息，指引人员向安全区域进行疏散。

消防应急广播的扬声器设置在走道和大厅等公共场所。每个扬声器的额定功率不应小于 3 W，其数量应能保证从一个防火分区内的任何部位到最近一个扬声器的距离不大于 25 m。

3.1.6 消防专用电话

消防专用电话是消防通信的专用设备，是独立的消防通信系统，消防专用电话总机设置在消防控制室。当发生火灾报警时，它可以提供方便快捷的通信手段，是消防报警系统中不可缺少的通信设备。现场人员可以通过现场设置的固定电话和消防控制室进行通话，也可以使用便携式电话通过专用电话插孔与消防控制室直接通话。

消防控制室应设置可以直接报警的外线电话。消防水泵房、变配电室、主要空调和通风机房、排烟机房、消防电梯机房等部位应设置消防专用电话分机。消火栓按钮及手动报警按钮等处宜设置电话插孔，特级保护对象的各避难层每隔 20m 设置一个消防专用电话分机或电话插孔。

3.1.7 消防控制室

消防控制室是设有火灾自动报警控制设备和消防控制设备，用于接收、显示、处理火灾报警信号，控制消防设施的场所。它是建筑物内消防设施的中心，对于防止火灾、减少人身和财产损失具有十分重要的意义。根据国家标准《建筑设计防火规范》(GB 50016—2014)规定，设有自动报警装置和自动灭火装置的建筑宜设消防控制室。

1. 消防控制室的组成

消防控制室根据需要可由下列部分或全部控制装置组成：

(1) 集中报警控制器。

(2) 室内消火栓系统的控制装置。

(3) 自动喷水灭火系统的控制装置。

(4) 泡沫、干粉灭火系统的控制装置。

(5) 电动防火门、防火卷帘的控制装置。

(6) 通风空调，防、排烟设备及电动防火阀的控制装置。

(7) 消防电梯的控制装置。

(8) 消防通信设备。

(9) 火灾应急照明、疏散指示标志与火灾事故广播设备控制装置。

2. 消防控制室的功能

(1) 控制消防设备的启、停，并显示其工作状态。

(2) 自动和手动启动消防水泵,以及防、排烟风机的启、停。

(3) 显示火灾报警、故障报警部位。

(4) 显示系统电源的工作状态。

(5) 应急广播装置。

(6) 防火门、防火卷帘、电梯回降。

3. 消防控制室的控制电源

电源及信号回路电压应采用直流 24 V。

3.2 消火栓系统

消火栓系统是一种使用广泛的消防系统,绝大多数公众聚集场所都设有这种消防系统。消火栓系统按安装位置可分为室内消火栓系统和室外消火栓系统。

3.2.1 室内消火栓系统

室内消火栓系统是建筑物内一种最基本的消防灭火设备,主要由室内消火栓、消防水箱、消防水泵、消防水泵房等组成。

1. 室内消火栓

室内消火栓设在消火栓箱内,是一种箱状固定式消防装置,具有给水、灭火、控制和报警灯功能,见图 3-4。它由箱体、消火栓按钮、消火栓接口、水带、水枪、消防软管卷盘及电器设备等消防器材组成。室内消火栓按安装方式不同,可分为明装式、暗装式和半暗装式三种类型。

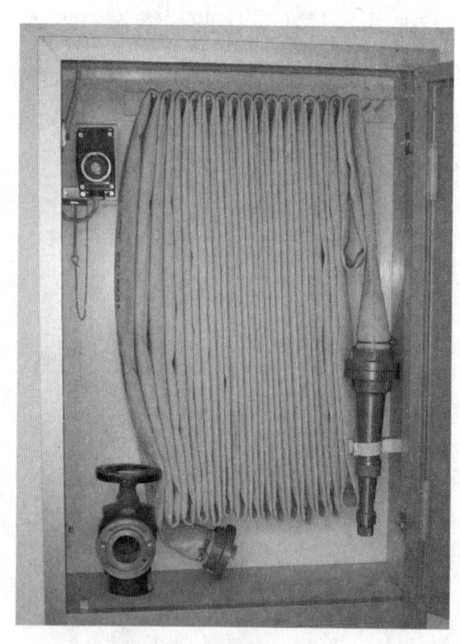

图 3-4 室内消火栓

(1) 室内消火栓的设置要求

室内消火栓应设在走道、楼梯口、消防电梯等明显、易于取用的地点附近。消防电梯前室应设置消火栓。消火栓栓口离地面或操作基面高度宜为 1.1 m,栓口与消火栓内边缘的距离不应影响消防水带的连接,其出水方向宜向下或与设置消火栓的墙面成 90°角。室内消火栓应保证同层任何部位两个消火栓的水枪充实水柱同时到达,水枪的充实水柱经计算确定。同一建筑物内应采用统一规格的消火栓、水枪、水带,每根水带的长度不应超过 25 m。

消火栓箱内的消火栓按钮具有向报警控制器报警和直接启动消防水泵的功能。现场人员可通过击碎按钮上的玻璃,按下按钮向控制器报警并启动消防水泵。

(2) 室内消火栓紧急启用

打开消火栓箱门，紧急时可将箱门玻璃砸碎。取出水带，将水带向着火方向甩开，一头接消火栓，另一头接水枪。逆时针旋转消火栓手轮，出水灭火。

灭火时，水枪手应佩戴防毒面具或用湿毛巾等扎好捂住口鼻，先打蔓延火，再打高火焰，最后进攻残火，将其消灭。当发现有人被烟火围困时，水枪手应坚持救人重于救火的原则，向被大火围困人员周围的燃烧物射水，降低其环境温度，掩护人员疏散。一般较小的火灾不适宜使用消防水枪，也不可用消防水枪扑救带电设备及遇水起化学反应的火灾。

(3) 消防软管卷盘

消防软管卷盘是室内固定式消防设施，一般安装在室内消火栓箱内。由卷盘、软管及小口径水枪等部件组成，与室内消火栓相比，具有轻便、机动、灵活等优点。

2. 消防水箱

消防水箱可分区设置，一般设在建筑物的最高部位，是保证扑救初期火灾用水量的可靠供水设施。消防水箱储水量由计算确定，当室内消防用水量小于等于 $25\,L\cdot s^{-1}$，经计算消防水箱所需消防储水量大于 $12\,m^3$ 时，可采用 $12\,m^3$ 水箱；当室内消防用水量大于 $25\,L\cdot s^{-1}$，经计算消防水箱的储水量大于 $18\,m^3$ 时，可采用 $18\,m^3$ 水箱。火灾发生后，消防水泵供给的消防水不应进入消防水箱。

3. 消防水泵

在整个灭火过程中，从水源取水加压输送到火场是通过消防水泵来完成的，它是消防给水系统的心脏。固定消防水泵设有备用泵，其工作能力不小于主要泵。当室外消防用水量小于等于 $25\,L\cdot s^{-1}$ 或室内消防用水量小于等于 $10\,L\cdot s^{-1}$ 时，可不设置备用泵。为保证电源强切后仍能正常运转，消防水泵应采用双电源供电。消防水泵应保证在火警后 30 秒内启动。

4. 消防水泵房

消防水泵房担负着消防供水任务，应为一、二级耐火等级的建筑物。当消防水泵房设在建筑物内时，应该用耐火极限不低于 1 小时的非燃烧体墙和楼板与其他部位隔开。消防水泵房设置在首层时，其疏散门宜直通室外；设置在地下层或楼层上时，其疏散门采用甲级防火门，应靠近安全出口，并有与消防控制室联络的通信设备。

5. 水泵接合器

水泵接合器是一种简单有效的备用供水快速接头，它附设于一个室内专用消防系统的街面墙根处，或一个综合室外消防专用系统的外围街道旁。当室内消防专用系统或室外消防专用系统供水加压设施发生故障，或因停电等原因停止了供水，此时可利用消防车从室外管道、市政管网、天然水源或消防水池抽水，通过水泵接合器向室内管网供水。

3.2.2 室外消火栓系统

室外消火栓系统是供消防车用水或直接接出水带、水枪进行灭火的设备，主要由室外消火栓、室外消防水管和消防水池组成。室外消火栓按设置方式可分为室外地上消火栓和室外地下消火栓。

1. 室外地上消火栓

室外地上消火栓大部分露出地面，具有目标明显、易于寻找、出水操作方便等特点，适用于气温较高地区。缺点是容易冻坏、易损坏，有些场合妨碍交通、影响市容。

地上消火栓由本体、井水弯管、阀塞、出水口和排水口组成。地上消火栓按出水口径大小和数量不同，有 SS150、SS100、SS65 三种型号。其中 SS150 型只有一个出水口，专供大型消防车取水用。SS100 型除有一个 100 mm 出水口外，还有两个 65 mm 出水口，供直接连接水带用。SS65 型则只有两个 65 mm 出水口。

2. 室外地下消火栓

地下消火栓设置在消火栓井内，具有不易冻结、不易损坏、便利交通等优点，适用于北方寒冷地区。但地下消火栓操作不便，目标不明显，因此，地下消火栓旁须设置明显标志。地下消火栓由弯头、排水口、阀塞、丝杆、丝杆螺母出水口等组成，共有三种型号，分别是 SX100A、SX100、SX150。

3. 消防水池

当市政管网给水管道或天然水源不能满足室内外消防用水量的需求时，应设置消防水池。消防水池内的消防用水一经取用后要尽快补水。消防水池的保护半径不应大于 150 m，周围应设消防车道，以便消防车从水池内取水。

4. 室外消防给水管道

室外消防给水管网布置成环状，但消防用水量不超过 $15\ L \cdot s^{-1}$ 时也可以布置成枝状。由市政管道向环状管网供水的干管不应少于两条。室外消防给水管道的最小直径不应小于 100 mm。环状管道阀门分成若干独立段，每段内消火栓数量不宜少于 5 个。管道的埋设深度应在冰冻线以下或采取其他保温措施，并应保证机动车通过后不致发生损坏。

5. 室外消火栓的设置要求

根据《建筑设计防火规范》(GB 50016—2014)，室外消火栓的设置应满足以下要求：

(1) 室外消火栓应沿道路设置。当道路宽度大于 60 m 时，宜在道路两边设置消火栓，并宜靠近十字路口。

(2) 室外消火栓的间距不应大于 120 m，距路边不应大于 2 m，距房屋外墙不宜小于 5 m。

(3) 室外消火栓的保护半径不应大于 150 m。在市政消火栓保护半径 150 m 内，当室外消防用水量小于 15 L·s^{-1}时，可不设置室外消火栓。

(4) 室外消火栓的数量应按其保护半径和室外消防用水量等综合计算确定，每个室外消火栓的用水量应按 10～15 L·s^{-1}计算。与保护对象的距离在 5～40 m 范围内的市政消火栓，可计入室外消火栓的数量内。

6. 室外消火栓的使用

地上消火栓在使用时，由专用扳手打开出水口闷盖，接上水带或吸水管，再用专用扳手打开阀塞，即可供水。

地下消火栓在使用时，先打开井盖，拧下闷盖，再接上消火栓与吸水管的连接器(也可将吸水管接到出水口上)，或接上水带，然后用专用扳手打开阀塞，即可出水。使用完毕应恢复原状。

3.3 自动喷水灭火系统

自动喷水灭火系统是一种能自动启动喷水灭火，并能同时发出报警信号的灭火系统，是用量最大、应用最广泛的自动灭火系统。它具有工作性能稳定、使用范围广、安全可靠、控火灭火成功率高、维护简便等优点。该系统可安装在办公室、仪器室、楼道等场所，存有遇水燃烧物质(如金属钠、氢化物等)等危险化学品的场所不适合安装自动喷水灭火系统。

自动喷水灭火系统按用途、工作原理的不同，可分为湿式喷水灭火系统、干式喷水灭火系统、预作用喷水灭火系统、雨淋喷水灭火系统、水幕系统和水喷雾灭火系统等类型。目前在已安装的自动喷水灭火系统中，用量最多的是湿式喷水灭火系统。

3.3.1 湿式喷水灭火系统

湿式喷水灭火系统由闭式喷头、管道系统、湿式报警阀、报警装置和供水设备等组成。由于该系统在报警阀的前后管道内始终充满着压力水，故称湿式喷水灭火系统。

火灾发生时，在火场温度的作用下，闭式喷头的感温元件升温达到预定的动作温度范围时，喷头开启，喷水灭火。水在管路中流动后，水流冲击水力警铃发出声响报警信号，同时根据压力开关及水流指示器报警信号，启动消防水泵向管网加压供水，达到持续自动喷水灭火的目的。

湿式喷水灭火系统具有结构简单、灭火效率高、灭火速度快等优点。但由于其管路在喷头中始终充满水，所以受环境温度的限制，适合安装在室内温度不低于 4℃且不高于 70℃的建筑物内。

3.3.2 干式喷水灭火系统

干式喷水灭火系统是为了满足寒冷和高温场所安装的自动喷水灭火系统，其管路和喷头内平时没有水,只处于充气状态。它是由闭式喷头、管道系统、干式报警阀、报警装置、充气设备、排气设备和供水设备组成。

火灾发生后,干式喷水灭火系统首先喷出气体,当管网中气压降至某一限值时,报警阀自动打开,压力将剩余的气体从打开的喷头处赶出去,然后喷水灭火。干式报警阀被打开的同时,通向水力警铃的通道也被打开,水流冲击水力警铃发出声响报警信号。

干式喷水灭火系统的主要特点是报警阀后管路内无水,不怕冻结,不怕环境温度高。干式喷水灭火系统与湿式喷水灭火系统相比增加了一套充气设备,且要求管网内的气压经常保持在一定范围内,因此管理比较复杂,投资较大,在灭火速度上不如湿式喷水灭火系统快。

3.3.3 预作用喷水灭火系统

预作用喷水灭火系统由闭式喷头、管道系统、预作用阀、火灾探测器、报警控制装置、充气设备、控制元件和供水设备等组成。系统预作用阀后面的管网内平时不充水,而充以空气或氮气。只有在发生火灾时,火灾探测系统才自动打开预作用阀,使管道充水变成湿式系统。

火灾发生时,安装在保护区的感温、感烟火灾探测器首先发出报警信号,控制器在报警信号做声光显示的同时开启预作用阀,使水进入管路,并在很短时间内完成充水过程,使系统转变成湿式系统。以后的作用和湿式系统相同。

预作用喷水灭火系统是在干式自动灭火系统上附加一套火灾自动报警装置。它将火灾自动探测报警技术和自动喷水灭火系统结合起来,能在喷头动作之前及时报警,兼有干式和湿式的优点。它克服了干式系统喷水灭火延迟时间较长,湿式系统可能渗漏的缺点。预作用喷水灭火系统可以配合自动监测装置发现系统中是否有渗漏现象,以提高系统的安全可靠性。

3.3.4 雨淋喷水灭火系统

雨淋喷水系统由开式喷头、管道系统、雨淋阀、火灾探测器、报警控制阀组件和供水设备组成。发生火灾时,火灾探测器将信号传送至火灾报警控制器,控制器输出信号打开雨淋阀,使整个保护区内的开式喷头喷水灭火。其特点是出水迅速,喷水量大,降温和灭火效果十分显著。发生火灾时,系统保护区域上所有喷头一起喷水灭火,适用于需要大面积喷水来扑灭火势快速蔓延的场所。

3.3.5 水幕系统

水幕系统是由水幕喷头、管道和控制阀等组成。水幕系统的工作原理与雨淋喷水系统基本相同,所不同的是水幕系统喷出的水为水帘状。水幕系统可用于冷却简易防火分隔物(防火门、防火卷帘等),提高其耐火性能,阻止火势蔓延。

3.3.6　水喷雾灭火系统

水喷雾系统由喷雾喷头、管道、控制装置等组成,常用来保护油、气体储罐及油浸电力变压器等。水喷雾系统是利用水雾的冷却、窒息和稀释作用扑灭火灾,阻止邻近的火灾蔓延危及保护对象。

3.4　防火与安全疏散设施

3.4.1　消防电梯

消防电梯为火灾发生后消防员专用,它可以使消防员尽快到达着火部位,减少消防员的体力消耗,及时向火灾现场输送灭火器材。

在首层消防电梯门口设有供消防员专用的操作按钮,操作按钮一般用玻璃片保护,并设有红色的"消防专用"等字样。当电梯进入消防员专用状态时,各楼层的电梯按钮失去作用。消防电梯采用双回路供电,并设有自动切换装置。消防电梯轿厢内设有专用消防电话,在轿厢顶部留有一个紧急疏散出口,当电梯的开门机构失灵时,可由此处疏散逃生。消防电梯在首层应有直通室外的出口,或由长 30 m 以内的安全通道抵达室外。

消防电梯宜分别设在不同的防火分区内,便于任何一个分区发生火灾时消防人员使用消防电梯迅速展开扑救。

3.4.2　消防应急照明及疏散指示标志

建筑物发生火灾,电源被切断时,如果没有应急照明和疏散指示标志,人们往往因找不到安全出口而发生拥挤、碰撞、摔倒等现象,尤其是人员高度聚集的场所,很容易造成重大伤亡事故。因此,设置应急照明和疏散指示标志(图 3-5)是十分必要的。

图 3-5　疏散指示标志

消防应急照明灯一般设在墙面和顶棚上,地面最低照度不应低于 0.5 lx(勒克斯)。安全出口和疏散门的正上方应采用"安全出口"作为指示标志。沿疏散走道设置的灯光疏散指示标志应设在走道及拐角处距地面 1 m 以下的墙面上，且灯光疏散指示标志的间距不应大于 20 m。消防应急照明灯具和灯光疏散指示标志应设有玻璃或其他非燃烧材料制作的保护罩。应急照明和疏散指示标志可采用蓄电池做备用电源，备用电源的连续供电时间不应少于 30 分钟。

3.4.3 防火卷帘

防火卷帘是一种防火分隔物，是建筑中不可缺少的防火设施。作为一种隐蔽、美观、使用便捷的防火设施，防火卷帘在建筑防火中起着重要的作用。

防火卷帘一般设置在疏散通道、消防电梯前室、上下层连通的走廊、自动扶梯等开口部位，以及中庭、防烟楼梯等部位，平时卷放在上方或侧面的卷轴箱内，起火时可手动或自动将其放下展开。防火卷帘具有防火、隔烟、抑制火灾蔓延、保护人员疏散等功能。安装在疏散通道处的防火卷帘具有两步关闭性能，即控制箱收到报警信号后，控制防火卷帘关闭至中位停止，延时 5～60 秒后继续关闭至全闭。或控制箱接第一次报警信号后，防火卷帘自动关闭至中位停止，接第二次报警信号后关至全闭。位于非疏散通道中仅用于防火分隔的防火卷帘，其两侧设置火灾报警探测器，动作程序为一步下降，即相关火灾报警探测器报警后，防火卷帘即降至地面。

防火卷帘按耐火极限可分为钢质防火卷帘，钢质防火、防烟卷帘，无机纤维复合防火卷帘，无机纤维复合防火、防烟卷帘和特级防火卷帘，见表 3-1。

表 3-1 防火卷帘的耐火极限分类

名 称	名称符号	代 号	耐火极限/h	帘面漏烟量 /m^3(m^2 · min)
钢质防火卷帘	GFJ	F2 F3	≥2.00 ≥3.00	
钢质防火、防烟卷帘	GFYJ	FY2 FY3	≥2.00 ≥3.00	≤0.2
无机纤维复合防火卷帘	WFJ	F2 F3	≥2.00 ≥3.00	
无机纤维复合防火、防烟卷帘	WFYJ	FY2 FY3	≥2.00 ≥3.00	≤0.2
特级防火卷帘	TFJ	TF3	≥3.00	≤0.2

3.4.4 防火窗

防火窗是指在一定时间内，连同框架能满足耐火稳定性和耐火完整性要求的窗。正常情况下采光通风，火灾时阻止火势蔓延。防火窗按材质可分为钢质、木质、钢木复合三种类型；按使用功能可分为固定式防火窗和活动式防火窗，活动式防火窗具有自动和手动关闭的功能；按耐火性能分为隔热式和非隔热式防火窗两种类型。防火窗按其耐火性能的分类与耐火等级代号见表 3-2。

表 3-2　防火窗的耐火性能分类与耐火等级代号

耐火性能分类	耐火等级代号	耐火性能
隔热防火窗（A 类）	A0.50(丙级)	耐火隔热性≥0.50 h，耐火完整性≥0.50 h
	A1.00(乙级)	耐火隔热性≥1.00 h，耐火完整性≥1.00 h
	A1.50(甲级)	耐火隔热性≥1.50 h，耐火完整性≥1.50h
	A2.00	耐火隔热性≥2.00 h，耐火完整性≥2.00 h
	A3.00	耐火隔热性≥3.00 h，耐火完整性≥3.00 h
非隔热防火窗（C 类）	C1.00	耐火完整性≥1.00 h
	C1.50	耐火完整性≥1.50 h
	C2.00	耐火完整性≥2.00 h
	C3.00	耐火完整性≥3.00 h

3.4.5 防火门及防火分区

防火门是指在一定时间内，连同框架能满足耐火稳定性、完整性和隔热性要求的门。它是设在防火分区间、疏散楼梯间、垂直竖井等处具有一定耐火性的活动的防火分隔物。防火门除具有普通门的作用外，更具有阻止火势蔓延和烟气扩散的特殊功能。防火门按所用材质可分为钢制防火门、木制防火门和其他材质防火门；按耐火性能可分为隔热防火门、部分隔热防火门和非隔热防火门。防火门按耐火性能的分类见表 3-3。

为便于人员疏散、逃生，防火门的开启方向应为疏散方向，同时疏散通道内的防火门设有顺门器能自动关闭，防火门关闭后应能从任何一侧手动开启。

防火分区是指采用防火分隔措施划分出的，能在一定时间内防止火灾向同一建筑物的其余部分蔓延的局部区域(空间单元)。在建筑物内采用划分防火分区这一措施，可以有效地把火势控制在一定范围内，减少火灾造成的损失，同时为人员安全疏散、消防扑救提供有利条件。

防火分区可分为横向防火分区和竖向防火分区。横向防火分区是指用防火墙、防火门或防火卷帘等防火分隔物将楼层在水平方向分隔出的防火区域。竖向防火分区是指用耐火性能好的楼板及窗间墙(含窗下墙)在建筑物的垂直方向进行的分隔。

表 3-3 防火门的耐火性能分类

名 称	耐火等级代号	耐火性能
隔热防火门(A类)	A0.50(丙级)	耐火隔热性≥0.50 h，耐火完整性≥0.50 h
	A1.00(乙级)	耐火隔热性≥1.00 h，耐火完整性≥1.00 h
	A1.50(甲级)	耐火隔热性≥1.50 h，耐火完整性≥1.50 h
	A2.00	耐火隔热性≥2.00 h，耐火完整性≥2.00 h
	A3.00	耐火隔热性≥3.00 h，耐火完整性≥3.00 h
部分隔热防火门(B类)	B1.00	耐火隔热性≥0.50 h，耐火完整性≥1.00 h
	B1.50	耐火完整性≥1.50 h
	B2.00	耐火完整性≥2.00 h
	B3.00	耐火完整性≥3.00 h
非隔热防火门(C类)	C1.00	耐火完整性≥1.00 h
	C1.50	耐火完整性≥1.50 h
	C2.00	耐火完整性≥2.00 h
	C3.00	耐火完整性≥3.00 h

3.4.6 安全出口及疏散走道

凡是符合安全疏散要求、保证人员安全疏散的逃生出口均称为安全出口，如建筑物的外门、楼梯间的门、防火墙上所设的防火门、经过走道或楼梯能通向室外的门等。

图 3-6 安全出口

安全出口应易于寻找，设有明显标志，要遵照“双向疏散”的原则分散布置，即建筑物内人员停留在任意地点，均宜保持有两个方向的疏散路线，使疏散的安全性得到充分的保证。

疏散走道为疏散时人员从房门内到疏散楼梯或安全出口的室内走道。它是疏散的必经之路，为疏散的第一安全地带，所以必须保证它的耐火性能。疏散走道的设置要简明直接，尽量避免弯曲，尤其不要往返转折，否则会造成疏散阻力和产生不安全感。不应设置阶梯、门槛、门垛、管道等突出物，以免影响疏散。

3.4.7　封闭楼梯间及防烟楼梯间

火灾中的安全区域是指建筑室外、建筑中的避难层、封闭楼梯间及防烟楼梯间，建筑中的封闭楼梯间及防烟楼梯间是建筑中最主要的安全区域。

封闭楼梯间是指用建筑构配件分隔，能防止烟和热气进入的楼梯间。楼梯间应靠外墙，并能直接天然采光和自然通风，不能直接天然采光和自然通风时，应按防烟楼梯间规定设置。

防烟楼梯间是指具有防烟前室和防、排烟设施并与建筑物内使用空间分隔的楼梯间。防烟楼梯间与封闭楼梯间的区别在于是否有前室，建筑性质不同，前室的面积也不同。封闭楼梯间、防烟楼梯间及前室的门应设防火门，并向疏散方向开启。

3.4.8　防、排烟系统

烟气中的有毒气体和微粒，对生命构成极大威胁，是造成人员伤亡的主要因素。有关实验表明，人在浓烟中停留 1～2 分钟后就会晕倒，接触 4～5 分钟就有死亡的危险。火灾中的烟气蔓延速度很快，在较短时间内即可从起火点迅速扩散到建筑物内的其他地方，严重影响人员的疏散与消防救援。防烟、排烟的目的是要及时排除火灾产生的大量烟气，确保建筑物内人员的顺利疏散和安全避难，控制火势蔓延和减小火灾损失，为消防救援创造有利条件。

建筑物内的防烟楼梯及其前室、消防电梯间前室或合用前室作为建筑物着火时最重要的安全疏散通道和临时避难场所，应当设置防、排烟设施。火灾时可通过自然排烟和机械防、排烟的方式阻止烟气进入该部位，并把烟气排除建筑物外。

自然排烟是利用建筑物内靠外墙上的可开启的外窗或高侧窗、天窗、敞开阳台与凹廊或专用排烟口、竖井等将烟气排出。自然排烟方式受火灾时建筑物环境和气象条件影响较大。

机械排烟是利用排烟机把着火部位所产生的烟气通过排烟口排至室外的措施。确认火灾发生后，可由消防控制中心远程控制或现场手动开启排烟阀。排烟风机投入运行后，应关闭着火区的通风空调系统。排烟风机入口总管上设有 280℃防火阀，当排烟管道温度超过时自行关闭，排烟风机停止运行，防止烟火扩散到其他部位。排烟风机平时应保持在闭锁状态。

机械防烟是采用强制性送风的方法，使疏散路线和避难所空间压力高于火灾区域的空气压力，防止烟气进入。

3.4.9 防火阀及排烟防火阀

防火阀是在一定时间内能满足耐火稳定性和耐火完整性要求，用于通风、空调管道内阻火的活动式封闭装置。防火阀安装在通风、空调系统的回风管道上，平时处于开启状态，当火灾时管道内的气体温度达到70℃时自行关闭。可手动关闭，也可与火灾报警系统联动关闭，但均需人工复位。不论以何种形式关闭，均能在消防控制室接到防火阀动作的信号。

排烟防火阀是安装在排烟系统管道上，在一定时间内能满足耐火稳定性和耐火完整性要求，起隔烟、阻火作用的阀门。排烟防火阀具有自动、手动功能，发生火灾时可自动或手动打开排烟防火阀进行排烟。当排烟系统中的烟气温度达到或超过280℃时，阀门自动关闭，防止火灾向其他部位扩散。

3.5 灭 火 器

灭火器是一种轻便的灭火器材，具有结构简单、使用面广、轻便灵活、灭火速度快等优点，主要用于扑灭初期火灾。灭火器的种类很多，按其移动方式可分为手提式和推车式；按驱动灭火剂动力来源可分为储气瓶式、储压式、化学反应式；按所充装的灭火剂则又可分为泡沫、二氧化碳、干粉、卤代烷、酸碱、清水灭火器等。比较常用的有干粉灭火器、二氧化碳灭火器等。扑救火灾时，应根据不同的火灾类型选用适合的灭火器进行扑救。

3.5.1 干粉灭火器

1. 灭火原理

干粉灭火器按其内部充装的灭火剂的成分分为ABC干粉灭火器（灭火剂的主要成分是磷酸二氢铵）和BC干粉灭火器（灭火剂的主要成分是碳酸氢钠）。灭火时靠充装于容器中的加压气体的驱动将干粉喷出，形成一股粉雾流射向火焰，与火焰接触、混合时发生一系列的物理和化学作用，迅速把火焰扑灭。干粉的灭火作用主要表现在它参与燃烧反应，借助粉粒的作用消耗燃烧反应中的活性基团，从而抑制燃烧反应的进行。此外，干粉颗粒受高温分解增加了粉末的表面积，提高了灭火的效力，同时，干粉还可以降低燃烧区上方的含氧量，使火焰熄灭。

2. 适用范围

BC干粉灭火器可扑灭B类火灾（液体或可熔化固体火灾，火灾分类可参见表2-5）、C类火灾（气体火灾）、E类火灾（带电火灾）、F类火灾（烹饪器具内的烹饪物火灾）。

ABC干粉灭火器可用于扑救A类火灾（固体物质火灾）、B类火灾（液体或可熔化固体火灾)、C 类火灾(气体火灾)、E 类火灾(带电火灾)、F 类火灾(烹饪器具内的烹饪物火灾)。

干粉灭火器对自身能够释放或提供氧源的化合物火灾,钠、钾、镁、锌等金属火灾(D 类火灾),一般固体的深层火或潜伏火及大面积火灾现场达不到满意的灭火效果。

干粉灭火器灭火效率高、速度快,一般在数秒至十几秒之内可将初起小火扑灭。干粉灭火剂对人畜低毒,对环境造成的危害小。

3. 手提式干粉灭火器使用方法

手提式干粉灭火器(图 3-7)应在距燃烧物 3 m 左右展开灭火,不可颠倒使用。如在室外,应选择上风口进行灭火。灭火时拉掉手柄上的拉环(有喷射管的则用左手握住喷射管),右手提起灭火器并按下压把,对准火焰根部位置,横扫燃烧区。

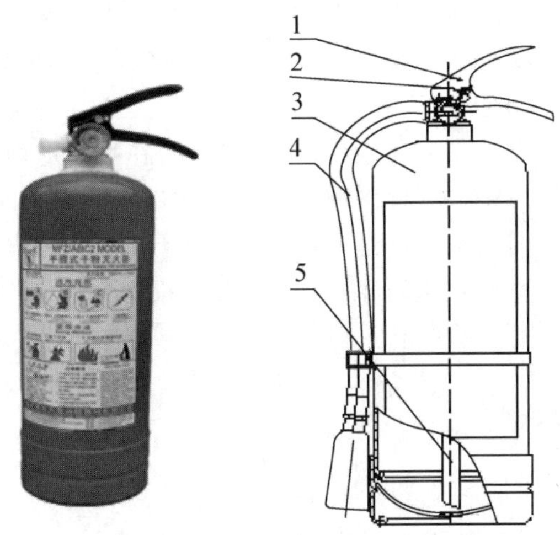

图 3-7　手提式干粉灭火器及其结构图

1. 压把;2. 保险;3. 筒体;4. 喷管;5. 出粉管

3.5.2　二氧化碳灭火器

1. 灭火原理

二氧化碳是一种不燃烧、不助燃的惰性气体,具有较高的密度,约为空气的 1.5 倍。在常压下,1 kg 的液态二氧化碳可产生约 0.5 m^3 的气体。二氧化碳的灭火原理主要是窒息灭火,灭火时将二氧化碳释放到起火空间,增加了燃烧区上方二氧化碳的浓度(氧气含量降低),当空气中二氧化碳的浓度达到 30%～35%或氧气含量低于 12%时,大多数燃烧就会停止。

二氧化碳灭火时还有一定的冷却作用,二氧化碳从储存容器中喷出时,液体迅速气化成气体,从周围吸收部分热量,起到冷却的作用。

二氧化碳灭火器按开启方式不同可分为手轮式和鸭嘴式。

2. 适用范围

二氧化碳灭火器可扑灭 B 类火灾(液体或可熔化固体火灾)、C 类火灾(气体火灾)、E 类火灾(带电火灾)、F 类火灾(烹饪器具内的烹饪物火灾)。

二氧化碳灭火器灭火速度快,无腐蚀性,灭火不留痕迹,特别适用于扑救重要文件、贵重仪器、带电设备(600 V 以下)的火灾。二氧化碳灭火器不能扑救内部阴燃的物质、自燃分解的物质火灾及 D 类火灾(金属火灾),因为有些活泼金属可以夺取二氧化碳中的氧使燃烧继续进行。

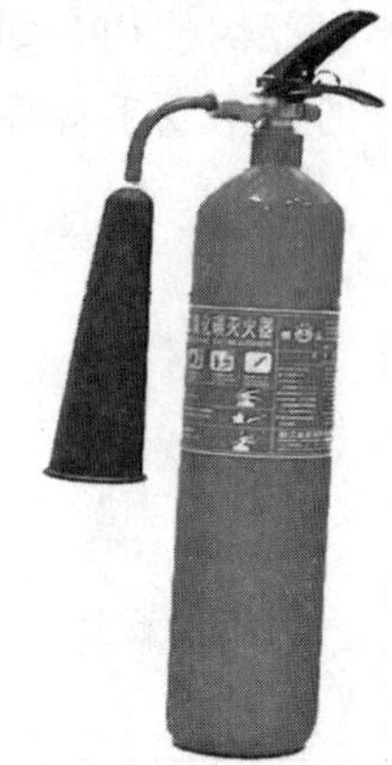
图 3-8 二氧化碳灭火器

3. 使用方法和注意事项

拉掉手柄上的拉环,一只手握住喷管,另一只手压下压把,对准火焰根部位置,横扫燃烧区。如在室外,有风时灭火效果不佳。

二氧化碳灭火器(图 3-8)在喷射过程中应保持直立状态,不可平放或颠倒使用。二氧化碳灭火器有效喷射距离较小,灭火时一般不超过2 m。使用时不要接触喷管的金属部分,以防冻伤。在室内窄小空间使用,灭火后操作者应迅速离开,以防窒息。火灾扑灭后,现场人员应先打开门窗通风,然后再进入。

3.5.3 空气泡沫灭火器

凡是能与水混溶,并可通过化学反应或机械方法产生泡沫的灭火剂均称为泡沫灭火剂。泡沫灭火剂一般由发泡剂、泡沫稳定剂、降黏剂、抗冻剂、助溶剂、防腐剂及水组成,按泡沫产生的机理可分为化学泡沫灭火剂和空气泡沫灭火剂。化学泡沫灭火剂是通过两种药剂的水溶液发生化学反应产生灭火泡沫。空气泡沫灭火剂是通过泡沫灭火剂的水溶液与空气在泡沫产生器中进行机械混合搅拌而生成的,泡沫中所含的气体一般为空气。空气泡沫灭火剂按其发泡倍数分为低倍数泡沫、中倍数泡沫、高倍数泡沫三类。低倍数泡沫灭火剂可分为蛋白泡沫、氟蛋白泡沫、水成膜泡沫、抗溶性泡沫和合成泡沫等类型。

蛋白泡沫灭火剂是指由天然蛋白的水解产物及适量的添加剂制成的泡沫灭火剂。氟蛋白泡沫灭火剂是指以蛋白泡沫灭火剂为基料加适量的氟碳表面活性剂制成的灭火剂。合成泡沫灭火剂是指以表面活性剂和适量添加剂为基料制成的泡沫灭火剂。抗溶性泡沫灭火剂是指在蛋白水解液中添加有机酸金属络合盐制成的一种灭火剂。使用抗溶性泡沫灭火时,有机金属络合盐类与水接触,产生的有机酸金属皂在泡沫上面形成连续的固体薄膜,有效地防止水溶性有机溶剂吸收泡沫中的水分,使泡沫能持续在溶剂液面上,起到灭火的作用。水成膜泡沫灭火剂是指能够在液体燃料表面形成一层抑制可燃液体蒸发的水膜的泡沫灭火剂。成膜氟蛋白泡沫灭火剂是指能够在液体表面形成一层抑制可燃液体蒸发的氟蛋白膜的泡沫灭火剂。

空气泡沫灭火器可分为蛋白泡沫灭火器、氟蛋白泡沫灭火器、水成膜泡沫灭火器和抗溶性泡沫灭火器等。

1. 灭火原理

泡沫灭火剂喷出后在燃烧物表面形成泡沫覆盖层，可使燃烧物表面与空气隔离，达到窒息灭火的目的。泡沫封闭了燃烧物表面后，可以遮断火焰对燃烧物的热辐射，阻止燃烧物的蒸发或热解挥发，使可燃气体难以进入燃烧区。另外，泡沫析出的液体对燃烧表面有冷却作用，泡沫受热蒸发产生的水蒸气还有稀释燃烧区氧气浓度的作用。

2. 适用范围

蛋白泡沫灭火器、氟蛋白泡沫灭火器、水成膜泡沫灭火器适用于扑救 A 类火灾和 B 类中的非水溶性可燃液体的火灾，不适用于扑救 D 类火灾、E 类火灾以及遇水发生燃烧爆炸的物质的火灾。抗溶性泡沫灭火器主要应用于扑救 B 类中乙醇、甲醇、丙酮等一般水溶性可燃液体的火灾，不宜用于扑救低沸点的醛、醚以及有机酸、胺类等液体的火灾。

3. 使用方法和注意事项

拉掉手柄上的拉环，提起灭火器并按下压把，另一只手握住喷管，对准火焰根部位置，横扫燃烧区。

在泡沫喷射过程中，应一直紧握开启压把，不能松开，而且不要将灭火器横置或倒置，以免中断喷射。如果扑救的是可燃液体的火灾，应将泡沫喷射覆盖在可燃液体表面。如果是容器内可燃液体着火，应将泡沫喷射在容器的内壁上，使泡沫沿壁淌入可燃液体表面而加以覆盖，避免将泡沫直接喷射在可燃液体表面上，以防止射流的冲击力将可燃液体冲出容器而扩大燃烧范围，增大灭火难度。灭火时，应随着喷射距离的减小，使用者逐渐向燃烧处靠近，始终让泡沫喷射在燃烧物上，直至将火扑灭。

3.5.4　六氟丙烷灭火器

1. 灭火原理

灭火剂的主要成分是六氟丙烷(1,1,1,3,3,3-六氟丙烷)。灭火兼具物理和化学灭火机理：一是通过冷却吸热降低燃烧物表面的温度和隔绝空气达到灭火的目的；二是通过灭火剂在高温的作用下产生活性游离基参与到燃烧反应过程中去，使燃烧过程中产生的活性游离基消失，形成稳定分子或低活性的游离基，从而切断氢自由基与氧自由基等自由基的链式反应，使燃烧反应停止。

2. 适用范围

六氟丙烷灭火器可扑救 A 类火灾、B 类火灾、C 类火灾、E 类火灾、F 类火灾。

六氟丙烷是无色、无味的气体，清洁、低毒、电绝缘性能好、灭火效率高，其臭氧耗损潜能值为零，对人体基本无害。六氟丙烷的沸点为－1.5℃，喷放时不会引起设备表面温度急剧下降，对精密设备和其他珍贵财物无任何伤害。

3. 使用方法

拉掉手柄上的拉环，一只手握住喷管，另一只手压下压把，对准火焰根部位置，横扫燃烧区。六氟丙烷灭火器适用于各种控制调度中心、计算机房、档案馆等高价值的场所。

3.5.5 清水灭火器

1. 灭火原理

灭火剂的主要成分是水，水喷到燃烧物上，在被加热和汽化的过程中会吸收燃烧产生的热量，使燃烧物的温度降低达到灭火效果。此外，水喷射到炽热的燃烧物上产生大量的水蒸气（1 kg 水汽化后可以产生 1.7 m^3 的水蒸气），降低了空气中的含氧量，当燃烧物上方的含氧量低于 12％时，燃烧就会停止。

2. 适用范围

适用于扑灭 A 类火灾。

3. 使用方法

将灭火器直立放稳，摘下保险帽，用手掌拍击启杆顶端的凸头，这时储气瓶的密封片被刺破，二氧化碳气体进入筒体内，迫使清水从喷嘴喷出。此时应立即一只手提起灭火器，另一只手托住灭火器的底圈，将喷射的水流对准火焰根部喷射。随着灭火器喷射距离的缩短，操作者应逐渐向燃烧物靠近，使水流始终喷射在燃烧处，直至将火扑灭。在喷射过程中，灭火器应始终保持与地面大致垂直状态，切勿颠倒或横卧，以免喷射中断或只喷出少量灭火剂。

3.5.6 灭火器的选择

配置灭火器应根据配置场所的危险等级和可能发生的火灾的类型等因素，确定灭火器的类型、保护距离和配置基准。灭火器是靠人来操作的，配置灭火器时还要考虑使用者的年龄、性别和体质等因素。

选择灭火器进行灭火时，应根据火灾类型选择合适的灭火器。选择不合适的灭火器不仅有可能灭不了火，还有可能发生爆炸伤人事故。如 BC 干粉灭火器不能扑灭 A 类火灾，二氧化碳灭火器不能用于扑救 D 类火灾。虽然有几种类型的灭火器均适用于扑灭同一种类的火灾，但其灭火能力、灭火剂用量的多少以及灭火速度等方面有明显的差异，因此，在选择灭火器时应考虑灭火器的灭火效能和通用性。为了保护贵重仪器设备与场所免受不必要的污渍损失，灭火器的选择还应考虑其对被保护物品的污损程度。例如，在专用的计算机机房内，要考虑被保护的对象是计算机等精密仪表设备，若使用干粉灭火器灭火，肯定能灭火，但其灭火后所残留的灭火剂对电子元器件则有一定的腐蚀作用和粉尘污染，而且也难以清洁。水型灭火器和泡沫灭火器灭火后对仪器设备也有类似的污损。此类场所发生火灾时应选用洁净气体灭火器灭火，灭火后不仅没有任何残迹，而且对贵重、精密设备也没有污损、腐蚀作用。

灭火器设置点的环境温度对灭火器的喷射性能和安全性能均有明显影响。若环境温度过低，则灭火器的喷射性能显著降低；若环境温度过高，则灭火器的内压剧增，灭火器会有爆炸伤人的危险。以下是部分灭火器的使用温度：

水基型灭火器的使用温度为 5～55℃，适当添加防冻剂可改变其使用温度；干粉灭火器的使用温度为－20～55℃；洁净气体灭火器的使用温度为－20～55℃；二氧化碳灭火器的使用温度为－10～55℃；泡沫灭火器的使用温度为 5～55℃。

3.5.7　灭火器的设置要求

灭火器一般设置在走廊、通道、门厅、房间出入口和楼梯等明显的地点，周围不得堆放其他物品，且不应影响紧急情况下人员疏散。在有视线障碍的位置摆放灭火器时，应在醒目的地方设置指示灭火器位置的发光标志，可使灭火人员减少因寻找灭火器所花费的时间，及时有效地将火扑灭在初起阶段。如果取用不便，可能失去扑救初起火灾的最佳时机。

灭火器的铭牌应朝外，器头宜向上，使人们能直接观察到灭火器的主要性能指标。手提式灭火器宜设置在挂钩、托架上或灭火器箱内。设置在室外的灭火器应有防湿、防寒、防晒保护措施。设置点的温度不得超过灭火器的使用温度范围，以免影响灭火器的喷射性能和安全性能。

一个计算单元内配置的灭火器数量不得少于 2 具，每个设置点的灭火器数量不宜多于 5 具。根据消防实战经验和实际需要，在已安装消火栓系统、固定灭火系统的场所，可根据具体情况适量减配灭火器。设有消火栓的场所，可减配 30％的灭火器；设有灭火系统的场所，可减配 50％的灭火器；设有消火栓和灭火系统的场所，可减配 70％的灭火器。

3.5.8　灭火器的维护和检查

灭火器在有效备用期间应由专人对灭火器进行检查，检查的主要内容是灭火器的驱动气体是否泄漏，压力表的指针是否在有效区间，外观和配件是否有破损等，同时还应按照国家及行业有关规定定期送到专业厂家进行水压试验等方面的检查。

灭火器在每次使用后，无论灭火剂是否用完都不应放回原处，应送到维修单位重新填装灭火剂，再填装灭火剂时不能改变原灭火剂的类型。

灭火器应放置于通风、干燥、阴凉、无潮湿、无腐蚀、明显的位置。如日光直晒则会使气瓶中的气体受热膨胀，发生漏气现象。灭火器只有在扑灭火灾时才可使用，严禁挪作他用。

3.5.9 灭火器的报废

灭火器从出厂日期算起，达到如下年限的应报废：水基型灭火器的报废年限为6年；干粉灭火器的报废年限为10年；二氧化碳灭火器的报废年限为12年；洁净气体灭火器的报废年限为10年。

有下列情况之一的灭火器应报废：筒体严重锈蚀，锈蚀面积大于等于筒体总面积的1/3；表面有凹坑，筒体严重变形，机械损伤严重；器头存在裂纹，无泄压机构；筒体为平底等结构不合理；没有间歇喷射机构的手提式；没有生产厂名和出厂年月，包括铭牌脱落，或虽有铭牌，但已看不清生产厂家名称，或出厂年月钢印无法识别；筒体有锡焊、铜焊或补缀等修补痕迹；被火烧过。

灭火器报废后，应按等效替代原则进行更换。

思考题

1. 火灾探测器可分为哪几种类型？
2. 感温式火灾探测器按其性能可分为哪几种类型？适合安装在哪些场所？
3. 哪些场所不适合安装感烟式火灾探测器？
4. 火灾报警控制器的主要功能是什么？（至少说出5种）
5. 防火门的作用是什么？
6. 请说出你经常学习、生活的教学楼、实验楼以及宿舍公寓中的安全出口和疏散通道。
7. ABC干粉灭火剂的灭火原理是什么？
8. ABC干粉灭火器可用于扑救哪些类型的火灾？
9. 二氧化碳灭火剂的灭火原理是什么？
10. 二氧化碳灭火器可用于扑救哪些类型的火灾？

主要参考资料

[1] 公安部消防局. 消防安全监督检查. 北京：警官教育出版社，1994.
[2] 公安部消防局. 消防控制室操作与管理. 北京：新华出版社，1999.
[3] 向光全，主编. 企事业消防安全管理. 武汉：湖北科学技术出版社，1996.
[4] 宋光积，主编. 实用消防管理学. 北京：中国人民公安大学出版社，2001.
[5] 宋光积，主编. 公众聚集场所消防. 北京：中国人民公安大学出版社，2002.
[6] 公安行业标准《消防控制室通用技术要求》(GA 25506—2010).
[7] 国家标准《防火门》(GB 12955—2008).
[8] 国家标准《消防联动控制系统》(GB 16806—2008).
[9] 公安行业标准《灭火器维修与报废规程》(GA 95—2015).
[10] 国家标准《自动喷水灭火系统设计规范》(GB 50084—2017).

[11] 国家标准《防火窗》(GB 16809—2008).
[12] 国家标准《防火卷帘》(GB 1402—2005).
[13] 贾建民,分册主编. 中国消防协会,科普教育工作委员会组织编写. 公众聚集场所消防安全. 北京:中国石化出版社,2008.
[14] 孙绍玉,等. 火灾防范与火场逃生概论. 北京:中国人民公安大学出版社,2001.
[15] 郑瑞文,刘海辰,主编. 消防安全技术. 北京:化学工业出版社,2004.

第4章　危险化学品

危险化学品在生产、运输、储存、销售和使用过程中，因其本身的易燃、易爆、有毒、有害等危险特性，火灾、爆炸事故比较多。但从许多事故案例分析来看，发生事故的原因主要是由于管理和使用人员缺乏相关的基础知识，不了解危险化学品的特性，不遵守操作规程或对突发事故苗头处理不当所致。为减少火灾、爆炸及中毒等事故的发生，就必须了解危险化学品的分类和特性、储存、使用等知识。

4.1　危险化学品简介

具有毒害、腐蚀、爆炸、燃烧、助燃等性质，对人体、设施、环境具有危害的剧毒化学品和其他化学品，统称为危险化学品。危险化学品性质各异，危险性不同，而且有些危险化学品不只具有一种危险性，但其多种危险性中必有一种表现最为突出的危险性，所以应根据其主要危险性进行分类，以便于管理和采取相应的安全对策。世界各国对危险化学品进行分类的原则基本相同，只是略有合并、删减而已。我国对危险化学品的分类是根据危险化学品特性中的主要危险和生产、运输、使用时便于管理的原则进行划分。

依据联合国《关于危险货物运输的建议书 规章范本》，国家质量监督检验检疫总局和国家标准化管理委员会制定了国家标准《危险货物分类和品名编号》，该标准最早制定于1986年，2012年修订的《危险货物分类和品名编号》(GB 6944—2012)将危险品分为9个类别：第1类 爆炸品；第2类 气体；第3类 易燃液体；第4类 易燃固体、易于自燃的物质、遇水放出易燃气体的物质；第5类 氧化性物质与有机过氧化物；第6类 毒性物质和感染性物质；第7类 放射性物质；第8类 腐蚀性物质；第9类 杂项危险物质和物品。这是传统的危险化学品分类体系。

由于化学品种类和数目不断增加，为协调世界各国对化学品统一分类及标记制度，国际劳工组织(ILO)与经济合作发展组织(OECD)、联合国危险物品运输专家委员会(UNCETDG)共同开发了“全球化学品统一分类和标签制度”(GHS)。2003年7月经联合国经济社会委员会议正式采用GHS，并且授权将其翻译成联合国官方语言以在全世界范围内使用。“全球化学品统一分类和标签制度”(GHS)是对危险化学品的危害性进行分类定级的标准方法，旨在对世界各国不同的危险化学品分类方法进行统一，最大限度地减少危险化学品对健康和环境造成的危害，是指导各国控制化学品危害和保护人类与环境的规范性文件。

根据联合国“全球化学品统一分类和标签制度”(GHS)，我国相应制定了国家标准《化学品分类和危险性公示通则》(GB 13690—2009)以及《化学品分类和标签规范》(GB 30000.2-29—2013)，将化学品危险性分为 28 类，其中包括 16 个物理危险种类、10 个健康危害种类以及 2 个环境危害种类。16 个物理危险种类分别为：爆炸物；易燃气体；易燃气溶胶；氧化性气体；压力下气体；易燃液体；易燃固体；自反应物质或混合物；自燃液体；自燃固体；自燃物质和混合物；遇水放出易燃气体的物质或混合物；氧化性液体；氧化性固体；有机过氧物；金属腐蚀剂。10 个健康危害种类分别为：急性毒性；皮肤腐蚀/刺激；严重眼损伤/眼刺激；呼吸或皮肤致敏；生殖细胞致突变性；致癌性；生殖毒性；特定目标器官/系统毒性一次接触；特定目标器官/系统毒性重复接触；吸入危险。2 个环境危害种类分别为对水生环境的危害和对臭氧层的危害。在各危险种类下又分为若干个危险类别(hazard category)，划分为几个等级，以反映一个危险种类内危险的相对严重程度。这是近年来逐步发展并不断完善的新的危险化学品分类体系。

为便于初学者更易获取实用的危险化学品安全知识，本章主要参考《危险货物分类和品名编号》分类介绍危险化学品。

4.2 爆 炸 品

凡是受到撞击、摩擦、震动、高热或其他因素的激发，能产生激烈的变化并在极短的时间内放出大量的热和气体，同时伴有声、光等效应的物质均称为爆炸品。

4.2.1 爆炸品分类

爆炸品分类方法很多，按爆炸品的组成可分爆炸化合物和爆炸混合物。

1. 爆炸化合物

这类爆炸品具有一定的化学组成，按其化学结构或爆炸基团的分类见表 4-1。

表 4-1 爆炸化合物按化学结构的分类

爆炸化合物名称	爆炸基团	化合物举例
乙炔类化合物	C≡C	乙炔银、乙炔汞
叠氮化合物	N≡N	叠氮铅、叠氮镁
雷酸盐类化合物	N≡C	雷汞、雷酸银
亚硝基化合物	N═O	亚硝基乙醚、亚硝基酚
臭氧、过氧化物	O—O	臭氧、过氧化氢
氯酸或过氯酸化合物	O—Cl	氯酸钾、高氯酸钾
氮的卤化物	N—X	氯化氮、溴化氮
硝基化合物	$R—NO_2$	三硝基甲苯、三硝基苯酚
硝酸酯类	$R—ONO_2$	硝化甘油、硝化棉

上述爆炸性化合物之所以具有爆炸性，是由于含有一种不稳定的基团。这种基团很容易被活化，在外界能量的作用下，它们的化学键很容易断裂，从而激发起爆炸反应。

2. 爆炸混合物

这类爆炸物质通常是由两种或两种以上爆炸组分和非爆炸组分经机械混合而成的。例如，硝铵炸药、黑色火药、液氧炸药都属于爆炸混合物。

根据国家标准《危险货物品名表》(GB 12668—2012)，把爆炸品分为六项：(1) 有整体爆炸危险的物质和物品。(2) 有迸射危险，但无整体爆炸危险的物质和物品。(3) 有燃烧危险并有局部爆炸危险或局部迸射危险或这两种危险都有，但无整体爆炸危险的物质和物品。(4) 不呈现重大危险的物质和物品。(5) 有整体爆炸危险的非常不敏感的物质。(6) 无整体爆炸危险的极端不敏感物品。

4.2.2 爆炸品危险特性

1. 爆炸性

爆炸品具有化学不稳定性，在一定外因的作用下，能以极快的速度发生猛烈的化学反应，产生的大量气体和热量在短时间内无法逸散开去，致使周围的温度迅速升高并产生巨大的压力而引起爆炸。

2. 敏感度高

爆炸品对热、火花、撞击、摩擦、冲击波等敏感，极易发生爆炸。爆炸品的感度主要分为热感度(如加热、火花、火焰等)、机械感度(如冲击、摩擦、撞击等)、静电感度(如静电、电火花等)、起爆感度(如雷管、炸药等)。不同爆炸品的各种感度是不同的。决定爆炸品敏感度的内在因素是它的化学组成和结构，影响敏感度的外来因素有温度、杂质、结晶、密度等。

3. 毒害性

很多爆炸品具有一定毒性。有些爆炸品在发生爆炸时还可以产生 CO、HCN、CO_2、NO_2 等有毒或窒息性气体，可从呼吸道、食道，甚至皮肤等进入体内，引起中毒。

4. 着火危险性

很多爆炸品是含氧化合物或是可燃物与氧化剂的混合物，受激发能源作用发生氧化还原反应而形成分解式燃烧，而且着火不需外界供给氧气。

5. 吸湿性

有些爆炸品具有较强的吸湿性，受潮或遇湿后会减低爆炸能力，甚至无法使用。

6. 见光分解性

某些爆炸品受光后容易分解，如叠氮银、雷酸汞。

7. 化学反应性

有些爆炸品可与某些化学试剂发生反应，生成爆炸性更强的危险化学品。

4.2.3 爆炸品爆炸的主要特点

(1) 反应时反应速度快　爆炸反应通常在万分之一秒内完成。如 1 kg 的硝铵炸药，完成反应的时间只有十万分之三秒。爆炸传播速度一般在 2000～9000 m/s。由于反应速率快，释放出的能量来不及散失而高度集中，所以具有极大的爆炸做功能力。

(2) 反应中释放出大量的热　爆炸时气体产物依靠反应热往往能被加热到数千度(℃)，压力可达数十万个大气压。高温高压反应产物的能量最后转化为机械能，使周围的介质受到压缩或破坏。例如，1 kg 的硝铵炸药爆炸后，能释放出 44355.36～45828.8 kJ 的热量，可产生 2400～3400℃的高温。气体混合物爆炸后也有大量热量产生，但温度很少超过 1000℃。

(3) 反应中能生成大量的气体　由于反应热的作用，气体急剧膨胀，但又处于定容压缩状态，压力往往可达数十万个大气压。例如，1 kg 的硝铵炸药爆炸时能产生 869～963 L 气体，且在十万分之三秒内放出，使压力猛升到 10 万个大气压，所以破坏力极大。气体混合物爆炸时虽然也能放出气体，但是相对来说气体量要少，而且因爆炸速率较慢，所以压力很少超过 10 个大气压。

4.2.4 爆炸品储存和使用

爆炸品在爆炸瞬间能释放出巨大的能量，使周围的人和建筑物受到极大的伤害和破坏，因此在使用和储存时必须高度重视，严格管理。

(1) 储存爆炸品应有专门的仓库，分类存放。仓库应保持通风，远离火源、热源，避免阳光直射，与周围的建筑物有一定的安全距离。

(2) 储存爆炸品的库房管理应严格贯彻执行“五双”制度，即做到双人保管、双人发货、双人领用、双账本、双把锁。

(3) 使用爆炸品时应格外小心，轻拿轻放，避免摩擦、撞击和震动。

4.2.5 爆炸品火灾的扑救

爆炸品发生火灾后应迅速查明发生爆炸的可能性和危险性，采取一切措施防止爆炸的发生。在人身安全确有保障的前提下，应迅速组织力量及时疏散着火区域周围的易燃、易爆品。

爆炸品着火可用大量的水进行扑救，水不但可以灭火，还可以使爆炸品吸收大量的水分，降低敏感度，使其逐步失去爆炸能力。但要防止高压水流直接射向爆炸品，以防冲击引起爆炸品爆炸。

爆炸品着火不能用沙土压盖，因为如用沙土压盖，着火产生的烟气无法散去，使内部产生一定压力，从而更易引起爆炸。

4.2.6 常见爆炸品的性质举例

1. 硝化丙三醇

又名甘油三硝酸酯、硝化甘油。白色或淡黄色黏稠液体，低温易冻结。熔点 13℃。不溶于水，混溶于乙醚、丙酮、乙醇、硝基苯、吡啶、乙酸乙酯等。

冻结的硝化甘油机械感度比液态的要高，处于半冻结状态时，机械感度更高。故硝化甘油受暴冷暴热、撞击、摩擦及遇火源时，均有引起爆炸的危险。硝化甘油与强酸接触能发生强烈反应，引起燃烧爆炸，因此，应避免硝化甘油与氧化剂、活性金属粉末、酸类接触。

少量吸入该物质即可引起剧烈搏动性头痛，吸入较大量时产生低血压、抑郁、精神错乱。该物质对水生生物有毒，可能对水生环境造成长期不利影响。

2. 三硝基苯酚(苦味酸)

苦味酸为黄色块状或针状结晶，无嗅，有毒，味极苦。熔点 122～123℃，相对分子质量 229.11，闪点 150℃(CC)。能溶于乙醚、苯及乙醇。

该物质对皮肤的刺激性很强，浓溶液能使皮肤起泡，亦能引起结膜炎、支气管炎或支气管肺炎。长期接触该物质，可引起头痛、头晕、恶心、呕吐、食欲减退、腹泻和发热等症状。苦味酸受摩擦、撞击及遇火源极易爆炸；与强氧化剂接触可发生化学反应；与金属粉末能起化学反应生成金属盐，增加敏感度。

应将苦味酸储存于阴凉、干燥、通风的爆炸品专用库房，远离火源、热源。

4.3 气　　体

本类气体是指符合下列两种情况之一者：(1) 在 50℃时，其蒸气压力大于 300 kPa 的物质；(2) 20 ℃时在 101.3 kPa 压力(1 标准大气压)下完全是气态的物质。主要包括压缩气体、液化气体、溶解气体和冷冻液化气体、一种或多种气体与一种或多种其他类别物质的蒸气的混合物、充有气体的物品或烟雾剂。

4.3.1 气体分类

气体按其危险性的大小可分为三类：

1. 易燃气体

易燃气体是指气体温度在 20 ℃、1 标准大气压(101.3 kPa)时，爆炸极限≤13%(体积分数)，或不论易燃下限如何，与空气混合，燃烧范围的体积分数至少为 12%的气体。如压缩或液化的氢气、甲烷等。

2. 非易燃无毒气体

非易燃无毒气体是指在 20℃时，蒸气压力不低于 280kPa 或作为冷冻液体运输的不燃、无毒气体，如氮气、稀有气体、二氧化碳、氧气、空气等。此类气体虽然不燃、无毒，但处于压力状态下，仍具有潜在的爆裂危险。可分为：

（1）窒息性气体　会稀释或取代通常在空气中的氧气的气体。

（2）氧化性气体　通过提供氧气比空气更能引起或促进其他材料燃烧的气体，如氧气、压缩空气等。

（3）不属于其他项别的气体。

3. 毒性气体

毒性气体是指吸入半数致死浓度 $LC_{50}<5\,mL \cdot L^{-3}$ 的气体。此类气体对人畜有强烈的毒害、窒息、灼伤、刺激作用，如氯气、一氧化碳、氨气、二氧化硫、溴化氢等。

4.3.2　气体危险特性

1. 物理性爆炸

储存于钢瓶内压力较高的压缩气体或液化气体，受热膨胀压力升高，当超过钢瓶的耐压强度时，即会发生钢瓶爆炸。特别是液化气体，这种气体在钢瓶内是液态和气态共存，在运输、使用或储存中，一旦受热或撞击等外力作用，瓶内的液体会迅速气化，从而使钢瓶内压力急剧增高，导致爆炸。钢瓶爆炸时，易燃气体及爆炸碎片的冲击能间接引起火灾。

2. 化学活泼性

易燃和氧化性气体的化学性质很活泼，在普通状态下可与很多物质发生反应或爆炸燃烧。例如，乙炔、乙烯与氯气混合遇日光会发生爆炸；液态氧与有机物接触能发生爆炸；压缩氧与油脂接触能发生自燃。

3. 可燃性

易燃气体遇火源能燃烧，与空气混合到一定浓度会发生爆炸。爆炸极限宽的气体的火灾、爆炸危险性更大。

4. 扩散性

比空气轻的易燃气体逸散在空气中可以很快地扩散，一旦发生火灾会造成火焰迅速蔓延。比空气重的易燃气体泄漏出来，往往漂浮于地面或房间死角中，长时间积聚不散，一旦遇到明火，易导致燃烧爆炸。

5. 腐蚀性、致敏性、毒害性及窒息性

大多数气体都有毒性，如硫化氢、氯乙烯、液化石油气、一氧化碳等。有些气体还具有腐蚀性，这主要是一些含硫、氮、氟元素的气体，如硫化氢、氨、三氟化氮等。这些气体不仅可引起人畜中毒，还会使皮肤、呼吸道黏膜等受到严重刺激和灼伤而危及生命。当大量压缩或液化气体及其燃烧后的直接生成物扩散到空气中时，空气中氧的含量降低，人因缺氧而窒息。因此，在处理或扑救具有毒性、腐蚀性、窒息性的气体火灾时，应特别注意自身的防护。

4.3.3 气瓶储存和使用

(1) 应远离火源和热源,避免受热膨胀而引起爆炸。

(2) 性质相互抵触的应分开存放。如氢气与氧气钢瓶等不得混放。

(3) 有毒和易燃易爆气体钢瓶应放在室外阴凉通风处。

(4) 钢瓶不得撞击或横卧滚动。

(5) 在搬运钢瓶过程中,必须给钢瓶配上安全帽,钢瓶阀门必须旋紧。

(6) 压缩气体和液化气体严禁超量灌装。

(7) 使用前要检查钢瓶附件是否完好、封闭是否紧密、有无漏气现象。如发现钢瓶有严重腐蚀或其他严重损伤,应将钢瓶送有关单位进行检验。超过使用期限,不准延期使用。

4.3.4 气体火灾的扑救

(1) 首先应扑灭外围被火源引燃的可燃物,切断火势蔓延途径,控制燃烧范围。

(2) 扑救压缩气体和液化气体火灾切忌盲目灭火。即使在扑救周围火势过程中不小心把泄漏处的火焰扑灭了,在没有采取堵漏措施的情况下,也必须立即用长的点火棒将火点燃,使其稳定燃烧。否则大量气体泄漏出来与空气混合,遇火源就会发生爆炸,后果不堪设想。

(3) 如果火场中有压力容器或有受到火焰辐射热威胁的压力容器,应尽可能将压力容器转移到安全地带,不能及时转移时应用水枪进行冷却保护。

(4) 如果是输气管道泄漏着火,应设法找到气源阀门将阀门关闭。

(5) 堵漏工作做好后,即可用水、干粉、二氧化碳等灭火剂进行灭火。

4.3.5 常见气体的性质举例

1. 乙炔

乙炔是一种无色无味气体,微溶于水,溶于乙醇、丙酮、氯仿、苯,混溶于乙醚。闪点−17.7℃(OC),爆炸极限为2.5%~82%。

乙炔极易燃烧爆炸,与空气混合,可形成爆炸性的混合物,遇火源能引起燃烧爆炸。与氧化剂接触发生猛烈反应。能与铜、银等的化合物生成爆炸性物质。乙炔对人体具有弱麻醉作用,急性中毒可引起不同程度的缺氧症状,如出现头痛、头晕、全身无力等。吸入高浓度乙炔,初期为兴奋、多语、哭笑无常,后眩晕、头痛、恶心和呕吐,严重者昏迷、紫绀、瞳孔对光反应消失。

乙炔气体钢瓶应储存在通风良好的库房里竖立放置,严禁在地面上卧放。库房温度不宜超过30℃,应远离火源、热源,防止阳光直射,与氧化剂、酸类、卤素分开存放。

2. 氧气

氧气是一种无色无味的气体，相对分子质量 32.00，熔点－218.8℃，沸点－183.1℃。1 L 液态氧为 1.41 kg，在 20℃、101.3 kPa 下能蒸发成 860 L 氧气。氧气虽然是生命赖以生存的物质，但当氧气浓度过高时，也会使人引起中毒或死亡。如常压下，当氧气的浓度超过 40%时，就可能发生氧中毒；当吸入的氧浓度在 80%以上时，则会出现眩晕、心动过速、虚脱、昏迷、呼吸衰竭以至死亡。

氧气本身不燃烧，但具有助燃性，能与多数可燃气体或蒸气混合而形成爆炸性混合物。纯氧与矿物油、油脂或细微分散的可燃粉尘(炭粉)接触时，由于剧烈的氧化升温、积热能引起自燃，甚至发生燃烧爆炸。氧气钢瓶应储存在阴凉通风处，远离火源、热源，避免阳光直射。

4.4　易燃液体

易燃液体是指在其闪点温度(闭杯试验闪点不高于 60.5℃，或开杯试验闪点不高于 65.6℃)时放出易燃蒸气的液体或液体混合物，或是在溶液或悬浮液中含有固体的液体。本项还包括：在温度等于或高于其闪点条件下提交运输的液体；或以液态在高温条件下运输或提交运输，并在温度等于或低于最高运输温度下放出易燃蒸气的物质。

4.4.1　易燃液体分类

易燃液体按闪点大小可分为三类：

1. 低闪点液体

是指闭杯试验闪点小于－18℃的液体。

2. 中闪点液体

是指闭杯试验闪点大于等于－18℃、小于 23℃的液体。

3. 高闪点液体

是指闭杯试验闪点大于等于 23℃、小于 61℃的液体。

4.4.2　易燃液体危险特性

1. 高度易燃性

易燃液体通常容易挥发，闪点和燃点较低，着火能量小，接触火源容易着火而持续燃烧。有些易燃液体蒸气的密度比空气大，容易聚集在低洼处，更增加了着火的危险。

2. 易爆性

易燃液体蒸气与空气可形成爆炸性混合气体。当蒸气与空气混合达到一定比例时(爆炸的上限和下限之间)，遇火源往往发生爆炸。

3. 高度流动扩散性

液体流动性的大小取决于易燃液体本身的黏度。黏度越小，流动性越强。易燃液体的黏度都很小，容易流淌，还因渗透、浸润及毛细现象等作用，扩大其表面积，加快挥发速率，使空气中的蒸气浓度增大，增加了燃烧爆炸的危险。

4. 受热膨胀性

一些易燃液体的热膨胀系数较大，容易膨胀，同时受热后蒸气压也较高，从而使密闭容器内的压力升高。当容器承受不了这种压力时，容器就会发生爆裂甚至爆炸。因此，易燃液体在灌装时，容器内应留有5%以上的空间。

5. 强还原性

有些易燃液体具有强还原性，当其与氧化剂接触时容易发生反应，且放出大量的热而引起燃烧爆炸。因此，储存时易燃液体不能和氧化剂或有氧化性的酸混存。

6. 静电性

易燃液体电阻率大，在受到摩擦、震荡后极易产生静电，聚集到一定程度，就会放电产生电火花而引起燃烧爆炸事故。

7. 毒害性和麻醉性

绝大多数易燃液体及其蒸气都具有一定的毒性，会通过皮肤接触或呼吸道进入体内，致使人昏迷或窒息死亡。有些还具有麻醉性，长时间吸入会使人失去知觉，深度或长时间麻醉可导致死亡。因此，在使用有毒易燃液体时，室内应保持良好的通风。当出现头晕、恶心等症状时应立即离开现场，必要时到医院就医。

4.4.3 易燃液体储存和使用

(1) 易燃液体应存放在阴凉通风处，有条件的实验室应设易燃液体专柜分类存放。

(2) 易燃液体使用时要轻拿轻放，防止相互碰撞或将容器损坏造成泄漏事故。不同种类的易燃液体具有不同的化学性质，使用前应认真了解其相应的物理性质和化学性质。

(3) 易燃液体不得敞口存放。操作过程中室内应保持良好的通风，必要时佩戴防护器具。

4.4.4 易燃液体火灾的扑救

(1) 扑救易燃液体火灾时应掌握着火液体的品名、比重、水溶性、毒性、腐蚀性以及有无喷溅危险等性质，以便采取相应的灭火和防护措施。

(2) 小面积的液体火灾可用干粉或泡沫灭火器等进行扑救，也可用沙土覆盖。发生在容器内的小火情可用湿抹布覆盖灭火。

(3) 扑救毒害性、腐蚀性或燃烧产物毒性较强的易燃液体火灾，扑救人员必须佩戴防毒面具,采取严密的防护措施。

4.4.5 常见易燃液体的性质举例

1. 乙醚

乙醚为无色透明液体,具有芳香刺激性气味,极易挥发。相对分子质量 74.14,熔点 -116.3℃,沸点 34.6℃,蒸气压 58.9kPa(20℃),蒸气密度 2.56(空气为 1),爆炸极限 1.7%~49%。微溶于水,溶于乙醇、苯、氯仿等多数有机溶剂。

乙醚极易燃烧。其蒸气比空气重,能沿地面流向低处或远处,乙醚蒸气与空气能形成爆炸性混合气体,遇火源有燃烧爆炸危险,且能将火焰引回蒸气源而引起乙醚液体起火。乙醚可与氧化剂发生强烈反应,与卤素反应生成各种卤素衍生物,与三氟化硼、三氯化铝、格氏试剂、氯化铍、溴化氢、四氯化钛以及锑、锌的卤化物反应形成加成产物。

乙醚对人体有麻醉作用,当吸入含乙醚 3.5%(体积)的空气时,30~40 分钟人就可失去知觉。急性接触的暂时性作用有头痛、易激动或抑郁、呕吐食欲下降和多汗等。急性大量接触,早期出现兴奋,继而嗜睡、呕吐、面色苍白、脉缓、体温下降和呼吸不规则,甚至危及生命。慢性长期低浓度吸入,有头痛、疲倦、蛋白尿、红细胞增多等症状。长期皮肤接触,可发生皮肤干燥、皲裂。

乙醚发生火灾,一般采用干粉、泡沫、二氧化碳、沙土灭火。

2. 甲苯

甲苯为无色透明液体,不溶于水,溶于乙醇、苯、氯仿等多数有机溶剂。相对分子质量 92.15,沸点 110.6℃,闪点 4℃(CC),自燃点 535℃,爆炸极限 1.1%~7.1%。可用于生产甲苯衍生物、炸药、染料中间体、药物的原料。

甲苯在强氧化剂如高锰酸钾、重铬酸钾、硝酸的氧化作用下,被氧化成苯甲酸。在硫酸存在下,40℃以下用二氧化锰氧化得到苯甲醛。用三氯化铝或三氯化铁作催化剂,甲苯与卤素反应生成邻位和对位卤代甲苯。在三氯化铝或三氟化硼的催化作用下,甲苯与卤代烃、烯烃、醇发生烷基化反应,得到烷基甲苯的混合物。甲苯易燃,其蒸气比空气重,与空气混合形成爆炸性混合物。遇到火源、高温、强氧化剂时有引起燃烧爆炸的危险。

甲苯属低毒类,吸入后可引起过度疲惫、兴奋、头痛等症状,对中枢神经系统有麻醉作用。长期吸入低浓度的甲苯蒸气,将造成慢性中毒,引起食欲减退、疲劳、白细胞减少、贫血。甲苯还可经皮肤吸收,对皮肤黏膜有轻度的刺激作用和脱脂作用。

甲苯发生火灾,可选择泡沫、干粉、二氧化碳、沙土灭火。

4.5 易燃固体、易于自燃物质、遇水放出易燃气体的物质

4.5.1 易燃固体

凡是燃点较低，在遇湿、受热、撞击、摩擦或与某些物品（如氧化剂）接触后，会引起强烈燃烧并能散发出有毒烟雾或有毒气体的固体均称为易燃固体，但不包括已经列入爆炸品的物质。

1. 分类

易燃固体按燃点的高低、燃烧的难易程度和猛烈程度以及放出气体毒性的大小分为两个级别：

（1）一级易燃固体　这类物质燃点低，容易燃烧和爆炸，放出气体的毒性大，如红磷、三硫化磷、五硫化磷、三硝基甲苯等。

（2）二级易燃固体　这类物质与一级易燃固体相比，燃烧性能差，燃烧速度慢，燃烧放出气体的毒性小，如金属铝粉、镁粉、硝基化合物、碱金属氨基化合物、萘及其衍生物等。

2. 危险特性

（1）易燃性　易燃固体的熔点、燃点、自燃点以及热解温度较低，受热容易熔融、分解或气化。在能量较小的热源和撞击下，很快达到燃点而着火，燃烧速度也较快。

（2）爆炸性　多数易燃固体具有较强的还原性，易与氧化剂发生反应。易燃固体与空气接触面积越大，越容易燃烧，燃烧速率也越快，发生火灾、爆炸的危险性也就越大。

（3）毒害性　许多易燃固体不但本身具有毒性，而且燃烧后还可生成有毒物质。

（4）敏感性　易燃固体对明火、热源、撞击比较敏感。

（5）自燃性　易燃固体中的赛璐珞、硝化棉及其制品在积热不散时容易自燃起火。

（6）易分解或升华　易燃固体容易被氧化，受热易分解或升华，遇火源、热源引起剧烈燃烧。

3. 储存和使用

基于易燃固体的燃烧性和爆炸性，易燃固体应远离火源，储存在通风、干燥、阴凉的仓库内，而且不得与酸类、氧化剂等物质同库储存。使用中应轻拿轻放，避免摩擦和撞击，以免引起火灾。大多数易燃固体有毒，燃烧后产生有毒物质，使用这类易燃固体或扑救这类物质引起的火灾时应注意自身保护。

4. 易燃固体火灾的扑救

多数易燃固体着火可以用水扑救，但对于镁粉、铝粉等金属粉末着火，不可用水、二氧化碳和泡沫灭火剂进行扑救。对于遇水产生易燃或有毒气体的物质（如五硫化二磷、

三硫化四磷等),也不可以用水扑救。

对于脂肪族偶氮化合物、亚硝基化合物等自反应物质,着火时不可采用窒息法灭火,因为此类物质燃烧时不需外部空气中的氧参与。

5. 常见易燃固体的性质举例

(1) 红磷

红磷为紫红色无定形粉末,无嗅,具有金属光泽。相对分子质量 123.88,燃点 160℃,沸点 280℃,引燃温度 280℃。不溶于水、二硫化碳,微溶于无水乙醇,溶于碱。

红磷遇明火、高热、摩擦、撞击有引起燃烧的危险。红磷与大多数氧化剂如氯酸盐、硝酸盐、高氯酸盐或高锰酸盐等组成爆炸性十分敏感的混合物,燃烧时放出有毒的刺激性烟雾。长期吸入红磷粉尘,可引起慢性磷中毒。

该物质应储存于阴凉、通风的库房,并与氧化剂、卤素、卤化物等分开存放,切忌混存。红磷引发的小火可用干燥沙土闷熄,大火可用水扑灭。

(2) 硫磺

硫磺为淡黄色脆性结晶或粉末,具有特殊臭味。相对分子质量 32.06,熔点 112.8～120.0℃,闪点 207℃,引燃温度 232℃,不溶于水,微溶于乙醚、乙醇,易溶于二硫化碳、苯、甲苯等溶剂。

硫磺粉末与空气混合能产生粉尘爆炸,与卤素、金属粉末接触剧烈反应,遇明火、高热易发生燃烧,与强氧化性物质(如 KNO_3、$KClO_3$ 等)接触能形成爆炸性混合物。硫磺本身为不良导体,易产生静电而导致硫尘起火,燃烧时散发有毒、刺激性气体。小火可用沙土闷熄,大火可用大量雾状水扑灭。

4.5.2 易于自燃物质

易于自燃物质是指自燃点低,在空气中易于发生氧化反应,放出热量而自行燃烧的物品。这类物品无需外界火源就可能燃烧,由于其自身受空气氧化或外界温度、湿度的影响,能发热并积热不散达到自燃点而引起燃烧。常见的易于自燃物质有黄磷、三乙基铝等。

1. 分级

根据自燃的难易程度及危险性大小,易于自燃物质可分为两级:

(1) 一级易于自燃物质　此类物品自燃点低,化学性质比较活泼,在空气中极易氧化或分解,并放出热量,使其自燃。如黄磷、硝化纤维等。

(2) 二级易于自燃物质　此类物品化学性质虽然比较稳定,但自燃点较低,如果通风不良,在空气中氧化所放出的热量积聚不散,也能引起自燃。此类物品大都是含有油脂的物质。

2. 危险特性

易于自燃物质由于其化学组成和结构不同,受环境条件(如温度、湿度、含油量、氧化剂、杂质、通风条件等)的影响不同,因而有各自不同的危险特性。

(1) 氧化自燃性 这类物质化学性质非常活泼,自燃点低,具有极强的还原性,一旦接触氧或氧化剂,立即发生氧化反应,并放出大量的热,达到其自燃点而自燃甚至爆炸。如黄磷遇空气起火,生成有毒的五氧化二磷。

(2) 积热自燃 这类物质多为含有较多的不饱和双键的化合物,遇氧或氧化剂容易发生氧化反应,并放出热量。如果通风不良,热量聚积不散,致使温度升高,又会加快氧化速率,产生更多的热,促使温度升高,最终会积热达到自燃点而引起自燃。

(3) 遇湿易燃性 有些易于自燃物质,在空气中能氧化自燃,遇水或受潮后还可分解而自燃爆炸。

3. 储存和使用

(1) 易于自燃物质应储存在通风、阴凉、干燥处,远离明火及热源,防止阳光直射且应单独存放。

(2) 因这类物质一接触空气就会着火,初次使用时应请有经验者进行指导。

(3) 在使用、运输过程中应轻拿轻放,不得损坏容器。

(4) 避免与氧化剂、酸、碱等接触。对忌水的物品必须密封包装,不得受潮。

4. 易于自燃物质火灾的扑救

对有积热自燃的物品的火灾,如油纸、油布等,可以用水扑救。

由黄磷引发的火灾应用低压水或雾状水扑救,不可用高压水扑救,因高压水冲击能导致黄磷飞溅,使灾害扩大。黄磷熔融液体流淌时应用泥土、沙袋拦截并用雾状水冷却,对磷块和冷却后已固化的黄磷,应用钳子钳入储水容器中,来不及钳出时可先用沙土掩盖,但应作好标记,等火势扑救后,再逐步集中到储水容器中。

5. 常见易于自燃物质的性质举例

(1) 黄磷

黄磷又名白磷,无色或白色半透明蜡状固体。相对分子质量 123.88,熔点 44.1℃,沸点 280.5℃,引燃温度 30℃。不溶于水,微溶于氯仿、苯,易溶于二硫化碳。和空气作用后,表面变为淡黄色。在黑暗中可见到淡绿色磷光,这是磷放出的微量蒸气与空气中的氧化合所致。

黄磷自燃点低,在空气中会冒白烟自燃。在潮湿空气中比在干燥空气中更易自燃。黄磷化学性质活泼,是很强的还原剂,受撞击、摩擦或与氯酸盐等氧化剂接触能燃烧爆炸。

黄磷极毒,与皮肤接触能引起严重的皮肤灼伤,肝损坏、伤口不易愈合。其蒸气能刺激眼睛、鼻、黏膜及肺部,吸入过多则引起组织坏死。慢性中毒可引起神经衰弱综合征、消化功能紊乱及骨骼损坏。

黄磷储存时应保存在水中,与空气隔绝。同时应远离火源和热源,并与易燃物、可燃物、有机物、氧化剂等隔离。

（2）三乙基铝

三乙基铝为无色液体，具有强烈的霉烂气味。相对分子质量114.19，熔点－52.5℃，沸点194℃，闪点－53℃。

三乙基铝化学性质活泼，接触空气会冒烟自燃。对微量的氧及水分反应极其灵敏，易引起燃烧爆炸。与酸、卤素、醇、胺类接触发生剧烈反应。具有强烈刺激和腐蚀作用，主要损害呼吸道和眼结膜，高浓度吸入可引起肺水肿。皮肤接触可致灼伤，产生充血、水肿和起水泡，疼痛剧烈。

三乙基铝储存时必须用充有惰性气体或特定的容器包装，包装要密封，不可与空气接触。应与氧化剂、酸类、醇类等分开存放，切忌混存。本品着火可用干粉等相应的灭火剂扑救，禁止使用水、泡沫灭火剂。

4.5.3　遇水放出易燃气体的物质

与水相互作用易自燃或产生危险数量的易燃气体，并放出热量而引起燃烧或爆炸的物质，称为遇水放出易燃气体的物质，也可称遇湿易燃物品。

1. 分级

按照遇水或受潮后发生反应的剧烈程度和危险性大小，可将遇水放出易燃气体的物质分为两级：

（1）一级遇水放出易燃气体的物质　这些物质遇水发生剧烈反应，单位时间内产生气体多且放出大量的热，在火源的作用下容易引起燃烧和爆炸。例如锂、钠、钾及它们的氢化物、碳化物等。

（2）二级遇水放出易燃气体的物质　这类物质是指遇水或酸反应速度慢，放出易燃气体，在火源作用下引起燃烧或爆炸的物质，如金属钙、锌粉、氢化铝等。

2. 危险特性

（1）遇水易燃易爆性　遇水后发生剧烈反应，产生的可燃气体多，放出的热量大。当可燃气体遇明火或由于反应放出的热量达到引燃温度时，就会发生着火爆炸。如金属钠、碳化钙等。

（2）与酸或氧化剂反应更加强烈　遇水放出易燃气体的物质大都有很强的还原性，当遇到氧化剂或酸时反应会更加剧烈。

（3）自燃危险性　有些遇水放出易燃气体的物质不仅遇水易燃放出易燃气体，而且在潮湿空气中能自燃，特别是在高温下反应比较强烈，放出易燃气体和热量。

（4）毒害性和腐蚀性　很多遇水放出易燃气体的物质如钠汞齐、钾汞齐等本身具有毒性，有些遇湿后还可放出有毒的气体。

3. 储存和使用

(1) 不得与酸、氧化剂混放,包装必须严密,不得破损,以防吸潮或与水接触。

(2) 金属钠、钾必须浸没在煤油中保存。

(3) 不得与其他类别的危险品混存混放,使用和搬运时不得摩擦、撞击、倾倒。

(4) 大多数遇水放出易燃气体的物质具有腐蚀性,能灼伤皮肤。使用这类物质时不可用手拿,必须戴防护手套且使用镊子。

4. 遇水放出易燃气体的物质的火灾扑救

此类物质着火绝不可以用水或含水的灭火剂扑救,对于二氧化碳灭火剂等不含水的灭火剂也不可以使用。因为此类物质一般都是碱金属、碱土金属以及这些金属的化合物,在高温时这些物质可与二氧化碳发生反应。此类物质的火灾可使用偏硼酸三甲酯(7150)灭火剂进行扑救,也可使用干砂、石粉进行扑救。对金属钾、钠火灾,用干燥的氯化钠、石墨等扑救效果也很好。

金属锂着火时不可用干砂进行扑救,因干砂中的二氧化硅可以和金属锂的燃烧产物氧化锂发生反应。金属锂的火灾也不可用碳酸钠或氯化钠进行扑救,因为在高温条件下会产生比锂更危险的钠。

5. 常见遇水放出易燃气体的物质性质举例

(1) 碳化钙

碳化钙又称电石,无色晶体,工业品为灰黑色块状物,断面为紫色或灰色。相对分子质量 64.10,熔点约 2300℃。

碳化钙暴露于空气中极易吸潮而失去光泽变为灰白色粉末,使质量降低或失效。碳化钙干燥时不燃,但遇湿或潮湿空气能迅速反应放出高度易燃的乙炔气体。当空气中乙炔的浓度达到其爆炸极限时,遇明火即发生燃烧和爆炸。乙炔是化学性质非常活泼的气体,与酸类物质接触能发生剧烈反应。碳化钙可损害皮肤,引起皮肤瘙痒、炎症。储存时包装必须密封,切勿受潮。应与酸类、醇类等分开存放,切忌混存。可用干燥的石墨粉或其他干粉灭火,禁止用水、泡沫和酸碱灭火器灭火。

(2) 磷化铝

磷化铝为黄绿色结晶,粉末或片状,溶于乙醇、乙醚。相对分子质量 57.95,熔点 2550℃。误服、与皮肤接触或吸入均会引起严重中毒。

磷化铝虽然本身不会燃烧,但遇酸、水或潮湿空气时会发生剧烈反应,放出磷化氢气体。当温度超过 60℃时,磷化氢会立即在空气中自燃。磷化铝与氧化剂接触也能发生剧烈反应。因此,在储存、运输时应与酸类、氧化剂远离。可用干粉、干燥沙土灭火,禁止用水、泡沫和酸碱灭火器灭火。

4.6 氧化性物质和有机过氧化物

4.6.1 氧化性物质和有机过氧化物的分类

1. 氧化性物质

氧化性物质是指处于高氧化态，遇酸、碱、潮湿、高热或与还原剂、易燃物品等接触，或经摩擦、撞击，能迅速反应并放出大量热的物质。这类物质本身不一定可燃，但能导致可燃物的燃烧，有些氧化剂与松软的粉末状可燃物能组成爆炸性混合物。

（1）一级无机氧化剂　这类氧化剂除无机氧化物分子中含有过氧基外，其余都是分子中含有高价态元素的物质。该类物质化学性质活泼，具有很强的获得电子的能力。一级无机氧化剂主要有过氧化物类，如过氧化钠、过氧化钾；某些含氧酸及其盐类，如高氯酸、高氯酸钾、高锰酸钾等。

（2）二级无机氧化剂　此类物质是指除一级无机氧化剂之外的氧化剂。它们的化学性质较活泼，也具有较强的获得电子的能力。但这类氧化剂与一级无机氧化剂相比，氧化性较弱。二级无机氧化剂主要有一些硝酸盐及亚硝酸盐类，如硝酸、亚硝酸钾；过氧酸盐类；高价态金属及其盐类，如高锰酸银、重铬酸钠等；以及其他氧化物，如二氧化铅、五氧化二碘等。

2. 有机过氧化物

有机过氧化物是指分子组成中含有过氧基的有机物。其本身易燃易爆，极易分解，对热、震动或摩擦极为敏感。

有机过氧化物按照氧化性强度和化学组成可分为：

（1）一级有机氧化剂　主要指有机过氧化物类，如过氧化苯甲酰、过氧化二叔丁醇等；有机硝酸盐类，如硝酸胍。这些氧化剂均为有机过氧化物和硝基化合物，具有较强的氧化性，能引起燃烧和爆炸。与其他氧化剂不同，由于本身是有机物，无需其他可燃物的存在也可发生燃烧。

（2）二级有机氧化剂　此类氧化剂（如过氧乙酸、过氧化环己酮等）均为有机过氧化物，也容易分解出氧和进行自身氧化还原反应，但化学性质比一级有机氧化剂稳定。

4.6.2 氧化性物质的危险特性

1. 受热分解性

有些氧化剂，如过氧化物类（包括有机物）、硝酸盐类、氯酸盐类等，当受热、摩擦、撞击等作用时，极易发生反应放出大量热，此时如遇可燃物特别是粉末状的可燃物，则发生剧烈的化学反应而引起燃烧、爆炸。

2. 强氧化性

有些氧化剂与易燃液体接触后可发生不同程度的化学反应，从而引起燃烧和爆炸。

3. 多数氧化剂遇酸能剧烈反应，甚至发生爆炸

多数氧化剂，尤其是碱性氧化剂，遇酸反应剧烈甚至引起爆炸。如，过氧化物与硫酸、氯酸钠与硝酸相遇则立即发生爆炸。

4. 遇湿分解性

有些氧化剂遇水或吸收空气中的水蒸气能分解放出氧化性气体，遇火源易使可燃物燃烧。

5. 燃烧性

氧化剂绝大多数是不燃的，但也有少数具有可燃性，如硝酸胍、硝酸脲、高氯酸醋酐溶液、四硝基甲烷等。这些氧化剂不仅具有很强的氧化性，与可燃物质相结合可引起着火爆炸，而且本身也具有可燃性，不需要外界的可燃物参与即可燃烧。

6. 毒性及腐蚀性

有些氧化剂具有一定的毒性和腐蚀性，能毒害人体，腐蚀烧伤皮肤。

4.6.3 有机过氧化物的危险特性

1. 分解爆炸性

含有过氧基的有机过氧化物对热、震动、冲击或摩擦极为敏感，受到外力作用时易导致分解、爆炸。

2. 易燃性

许多有机过氧化物易燃，且燃烧迅速而猛烈。有机过氧化物因受热或摩擦、碰撞时可导致化合物分解，并产生大量易燃或有毒气体和热量，当体系密闭时极易发生爆燃而转为爆轰。

3. 伤害性

有机过氧化物的伤害性主要表现在容易对眼睛造成伤害，如过氧化环己酮、叔丁基过氧化氢、过氧化二乙酰等化合物即使和眼睛只有短暂接触，也会对角膜造成严重损伤。

4.6.4 氧化性物质与有机过氧化物的储存和使用

(1) 使用过程中应严格控制温度，避免摩擦或撞击。

(2) 保存时不能与有机物、可燃物、酸同柜储存。

(3) 碱金属过氧化物易与水起反应，应注意防潮。

(4) 有些氧化剂具有毒性和腐蚀性，能毒害人体，烧伤皮肤，使用过程中应注意防毒。

4.6.5　氧化性物质和有机过氧化物火灾的扑救

氧化性物质着火或被卷入火中，会放出氧，加剧火势，即使在惰性气体中，火仍然会自行蔓延，因此，此类物质着火使用二氧化碳及其他气体灭火剂是无效的，应使用大量的水或用水淹浸的方法灭火，这是控制氧化性物质火灾最为有效的方法。若使用少量的水灭火，水会与过氧化物发生剧烈反应。

有机过氧化物着火或被卷入火中，可能导致爆炸。如有可能，应迅速将此类物质从火场移开并转移到安全区域，人尽可能远离火场，在有防护的地方用大量水灭火。有机过氧化物火灾被扑灭后，在火场完全冷却之前不要接近火场，因曾卷入火中或暴露于高温下的有机过氧化物会发生剧烈分解、爆炸。

4.6.6　氧化性物质和有机过氧化物的性质举例

1. 过氧化氢

过氧化氢是无色透明液体，有微弱的特殊气味，其水溶液俗称双氧水。相对分子质量 34.02，沸点 150.2℃，熔点－0.4℃。溶于水、乙醇、乙醚，不溶于苯、石油醚。过氧化氢及其水溶液对皮肤具有强腐蚀作用，吸入其蒸气或烟雾对呼吸道有强烈的刺激性，眼直接接触液体将导致不可逆损伤甚至失明，长期接触本品可致接触性皮炎。

过氧化氢本身不能燃烧，但它是一种爆炸性强的氧化剂，能与某些可燃物反应并产生足够的热量而引起燃烧，加之它分解所释放的氧能强烈助燃，最终可导致爆炸。例如它与许多有机物，像糖、醇、石油产品等形成的混合物极其敏感，受冲击、热量或在电火花作用下能发生爆炸。过氧化氢对热、许多无机物、杂质、冲击、酸碱度、强光等均很敏感，极易发生分解而导致爆炸，放出大量的氧、热量和水蒸气。

过氧化氢在碱性介质中的分解速率远比在酸性介质中的大。许多金属，像铁、铜、钴、银、铂和二氧化锰，甚至尘土、香烟灰、炭粉、铁锈等都是加快过氧化氢分解的催化剂。

由于光也能加速其分解，故常将过氧化氢保存在用黑纸包裹的塑料瓶中，使用时也应存放在棕色玻璃瓶内。应与可(易)燃物、还原剂、活性金属粉末等分开存放，切忌混存。

2. 过氧化二苯甲酰

过氧化二苯甲酰(过氧化苯甲酰)为白色或淡黄色结晶，有轻微的苦杏仁气味。不溶于水，微溶于醇类，溶于丙酮、苯、二硫化碳、氯仿等。相对分子质量 242.24，熔点 103～108℃，闪点 80℃，引燃温度 80℃。对上呼吸道有刺激性，对皮肤有强烈的刺激及致敏作用，进入眼内可造成损害。

干燥状态下非常易燃，遇热、摩擦、震动或杂质污染均能引起爆炸性分解。急剧加热时可发生爆炸，与强酸、强碱、硫化物、还原剂接触会发生剧烈反应。储存时避免与还原剂、酸类、碱类、醇类接触。

4.7 毒性物质和感染性物质

4.7.1 毒性物质的判定

目前，我国在毒性物质方面正在执行的标准或文件主要有三个：两个是国家标准，一个是国家安全生产监督管理局等10个部门发布的联合公告。

国家标准《危险货物分类和品名编号》(GB 6944—2012)对毒性物质如何判定作了以下说明：

毒性物质是经吞食、吸入或与皮肤接触后可能造成死亡或严重受伤或损害人类健康的物质。本项包括满足下列条件之一的毒性物质(固体或液体)：(1) 急性口服毒性：$LD_{50} \leqslant 300\ mg \cdot kg^{-1}$；(2) 急性皮肤接触毒性：$LD_{50} \leqslant 1000\ mg \cdot kg^{-1}$；(3) 急性吸入粉尘和烟雾毒性：$LC_{50} \leqslant 4\ mg \cdot L^{-1}$；(4) 急性吸入蒸气毒性：$LC_{50} \leqslant 5000\ mg \cdot m^{-3}$，且在20℃和标准大气压下的饱和蒸气浓度大于或等于1/5 LD_{50}。

另一个国家标准《化学品分类和标签规范 第18部分 急性毒性》(GB 30000.18—2013)对毒性物质的急性毒性进行了详细划分，具体分为5个类别：类别1毒性最强，急性毒性标准为：经口 $LD_{50} \leqslant 5\ mg \cdot kg^{-1}$ 体重，或经皮肤 $LD_{50} \leqslant 50\ mg \cdot kg^{-1}$，或吸入(气体)$LC_{50} \leqslant 0.1\ mL \cdot L^{-1}$，或吸入(蒸气)$LC_{50} \leqslant 0.5\ mg \cdot L^{-1}$，或吸入(粉尘和烟雾)$LC_{50} \leqslant 0.05\ mg \cdot L^{-1}$；类别5毒性最低，急性毒性标准为：经口 $2000\ mg \cdot kg^{-1} < LD_{50} \leqslant 5000\ mg \cdot kg^{-1}$ 体重，或经皮肤 $2000\ mg \cdot kg^{-1} < LD_{50} \leqslant 5000\ mg \cdot kg^{-1}$ 体重，或吸入(气体、蒸气或粉尘和烟雾)LC_{50} 处于经口和经皮肤 LC_{50} 的(相当)等效毒性范围(即 $2000\ mg \cdot kg^{-1} < LD_{50} \leqslant 5000\ mg \cdot kg^{-1}$ 体重)。

国家安全生产监督管理局等10个部门2015年2月27日公布的《剧毒化学品目录》(2015年版)不但对国内148种剧毒化学品进行了详细说明，而且还明确了剧毒化学品的定义和判定标准：剧毒化学品是指具有剧烈急性毒性危害的化学品，包括人工合成的化学品及其混合物和天然毒素，以及具有急性毒性、易造成公共安全危害的化学品。剧烈急性毒性判定界限：急性毒性类别1，即满足下列条件之一——大鼠试验，经口 $LD_{50} \leqslant 5\ mg \cdot kg^{-1}$，经皮 $LD_{50} \leqslant 50\ mg \cdot kg^{-1}$，吸入(4 h)$LC_{50} \leqslant 100\ mL \cdot m^{-3}$(气体)或 $0.5\ mg \cdot L^{-1}$(蒸气)或 $0.5\ mg \cdot L^{-1}$(尘、雾)。经皮 LD_{50} 的试验数据，也可使用兔试验数据。

有毒或无毒物质不是绝对的、一成不变的，在一定条件下它们可以互相转化。例如少量氰化物便可使人致命，微量氰化物可促进人体血液循环。三氧化二砷(砒霜)对人的致死量为0.1～0.3 g，但适当的剂量也可成为治疗某些疾病的药物，如现在民间许多治癌偏方都含有砒霜。有时一般认为无毒的物质，如食盐、白酒、维生素等，若进入机体的方式不当，输入过多或速度过快都会发生致死性毒害作用。所以，对毒性物质也应辩证地分析，正确地认识。

4.7.2 影响毒性物质毒性的主要因素

毒性物质毒性的大小，与物质的化学结构、物理性质、浓度和作用时间、环境条件，以及人体敏感程度等一系列因素有关。

1. 化学结构对毒性的影响

化学结构对毒性物质毒性的影响，目前还没有完整的规律可言，但对部分有机化合物，却存在着某些规律性的关系。

(1) 脂肪烃类 它们多具有麻醉作用，其强度随分子中碳原子数增加而增加，但到一定程度(7～9个碳原子)后，由于水溶性下降而又趋减弱。在醇类中高级醇、丁醇、戊醇较乙醇、丙醇有毒，甲醇除外。在石油产品中，分馏温度愈高愈有毒。在各类有机非电解质中，其毒性大小依次为芳烃＞醇＞酮＞环烃＞脂肪烃。

(2) 分子饱和度 物质分子结构的饱和程度对其毒性影响很大，一般认为，不饱和程度越高，毒性就越大。例如，二碳烃类的麻醉毒性随不饱和程度的增加而增大，乙炔＞乙烯＞乙烷；丙烯醛和2-丁烯醛对结膜的刺激性分别大于丙醛和丁醛，等等。

(3) 卤素取代 在同类化合物中，卤素元素取代氢时毒性增加，取代愈多，毒性愈高。如四氯化碳、三氯甲烷、二氯甲烷、氯甲烷和甲烷，毒性逐渐减小。

(4) 取代氢 芳香族化合物中如苯等大都具有麻醉作用及抑制造血机能的毒性。但苯环中氢被甲基取代时，甲苯、二甲苯毒性就大大降低；可是当苯中氢被氨基或硝基取代时，氨基苯或硝基苯的毒性就会上升。这可能是后者为变性血红蛋白形成剂的缘故。

(5) 芳香族化合物 它们中增添羧基(—COOH)后，毒性就会减弱，如苯甲酸的毒性就比甲苯低。带两个基团的苯环其基团位置对毒性也有影响，一般毒性是按对位、邻位、间位依次减小。

2. 物理性质对毒性的影响

(1) 分散度 毒性物质的分散度愈大则毒性愈强，尤其是固体粉状物质，如锌、铜、镍等金属，当其被加热熔融而成烟状氧化物时，能产生显著的毒性，发生类似疟疾的铸造热病。硅肺病就是由于吸入0.25～5 μm大小含有二氧化硅的粉尘造成的。

(2) 溶解度 毒性物质溶解度愈大，表示在血液中相对含量亦愈大，毒性就增加，如砷化物中的硫化砷由于溶解度很低，故其毒性不大。但应注意，某些不溶于水的物质，可能溶于脂肪及类脂质中，这样就可顺利地进入神经系统而显现其毒性，如苯与甲苯等。

(3) 挥发性　毒性物质的挥发性愈大，其在空气中的浓度就愈高，危险性也愈大。某些毒性物质虽然毒性很高，但由于其挥发性很低，故其在现场中有效毒性并不大。如在研究航空汽油毒性时，在不同馏分产品中的相对毒性为：55～65℃馏分为1.0，75～85℃馏分为1.6，95～110℃馏分为2.5，比挥发度分别为1.0、0.6、0.3；结果其有效毒性分别为1.6、0.95、0.75。即毒性较大的95～110℃馏分的航空汽油，由于其挥发度较低，因而其实际所产生的毒性反比55～65℃馏分的航空汽油为低。

(4) 其他因素　毒性物质的密度、形状、硬度等对毒性也有影响。如粉尘密度愈大愈易在空气中沉降，这样，由呼吸道吸入而达于肺泡的可能性就愈低。棱角锐利的锯齿状硬尘愈易损伤上呼吸道。对主要起机械性刺激作用的粉尘，溶解度愈大，害处愈小；而对起化学作用的粉尘，如漂白粉、碱粉等，则溶解度愈大就愈危险。

3. 毒性物质浓度及其作用时间

中毒的危险性不仅决定于毒性物质毒性的大小，还决定于吸入毒性物质的浓度和时间。多数毒性物质具有下式关系：

$$W \propto (c - a)t$$

式中，W 为中毒的危险程度，c 为空气中毒性物质的浓度，a 为无毒量，t 为吸入时间。它表明毒性物质入侵人体后，一部分毒性被驱除，因而实际起作用的远比侵入量为低。根据这个原理，规定了毒性物质的最高允许浓度。

4. 毒性物质的联合作用

现场中常常遇到几种毒性物质同时存在。共存的毒性物质可能产生相互作用而影响其实际毒性，称为毒性物质的联合作用。它有三种形式：

(1) 独立作用　几种毒性物质由于其作用方式不同，对机体产生互不关联的影响。此时混合物的毒性是各个毒性物质所致作用的相加，而不是剂量之和。

(2) 相加作用　几种毒性物质在化学结构上属同系物，或结构相似，或它们作用于同一器官，则其联合作用时表现为剂量加和。

(3) 拮抗作用或加强作用　两种以上毒性物质同时存在时，一种毒性物质可减弱或加强另一种毒性物质的毒性，前者称拮抗作用，后者称加强作用。如氯和氨的联合为拮抗作用，一氧化碳和氮氧化物的联合为加强作用。

此外，毒性物质的联合作用，还发生在生产性毒性物质与生活性毒性物质的联合，如嗜酒的人往往容易中毒；以及生产性毒性物质与现场环境的联合，如在高温、高压(潜涵作用)、高湿环境下工作或劳动强度较高等都会增加中毒的危险性。

5. 机体因素

各种动物对毒性物质的反应不一，这是由于种属差异造成的，而以人类对毒性物质的反应最为敏感。当然不可能直接用人体做实验，因此利用动物实验结果来估算出的人类安全剂量，只能作为参考。人的年龄对毒性作用亦有影响，一般婴儿和老年人较易中毒，这主要是与其肝、肾等解毒能力不健全因素有关。性别对毒性作用也有影响，一般女性比男性易于感染，特别是在妊娠期、月经期更为敏感。除上述情况外，人的健康状况、个体因素对毒性作用也有很大关系。如有新陈代谢机能障碍、有肝脏或肾脏疾病的，由于他们分泌机能和解毒机能削弱，都比较容易中毒。因此，国家为了保障工作人员的安全健康，避免患有某种疾病的人被分配参加不适于他们的工作，制定有“职业禁忌症”：

如规定患有萎缩性鼻炎、明显嗅觉迟钝、肺气肿、肺结核症状的人，不得参加与酸、氨、氯有关的工作。

患有癫痫、神经性疾病、血液疾病及继发性贫血、明显的肝脏疾病等，不得参与苯、甲苯、二甲苯、苯胺、硝基苯等作业。

患有肺结核、支气管炎、肺硬化、肺气肿、高血压等疾病的人，不得参加粉尘中含有10%以上游离二氧化硅的作业。

患有心脏病、血管性病变、高血压、严重贫血、肺结核、肺气肿、支气管哮喘、癫痫、糖尿病、胃及十二指肠溃疡等疾病者，不得参加高温作业。

此外，还规定对青工、女工有特殊照顾。

故毒性物质毒性的大小，决定于很多因素。在相同条件下，有人中毒，有人则不然，必须对各种情况进行综合全面分析。有些已发现的规律也是相对的而非绝对的，必须通过实践不断加以完善。

4.7.3 毒性物质侵入人体的途径及对人体的危害

毒性物质进入人体的途径有三种，即呼吸道、皮肤和消化道。

呼吸道是毒性物质侵入人体最常见、最危险的途径。进入体内的毒性物质主要被支气管和肺泡吸收。毒性物质的粒度越小，水溶性越好，越易被肺泡吸收。

毒性物质经皮肤被吸收，主要是通过表皮屏障和毛囊，少数情况经汗腺导管进入人体。毒性物质经皮肤被吸收的数量和速度主要与其水溶性、脂溶性和浓度及与皮肤接触面积等因素有关。此外，皮肤损伤，高温、高湿等环境可促进毒性物质侵入皮肤，如二硫化碳、汽油、苯等。

毒性物质经消化道进入人体比较少见，一般是由于不遵守卫生制度或意外事故造成。进入消化道的毒性物质主要由胃和小肠吸收，口腔也可吸收少部分。毒性物质被吸收程度取决于水溶性和胃内食物多少。

毒性物质对人体的伤害主要是指致突变、致癌和致畸作用，即“三致”作用。

所谓致突变作用，是指机体的遗传物，主要是细胞核内构成染色体的脱氧核糖核酸(DNA)，在一定条件下发生突然性、根本性的变异。致突变可由化学(化学毒性物质)、物理(电离辐射、紫外线等)及生物因素(病毒感染等)引起，其中以化学因素为主。突变结果可使妊娠发生障碍，出现不孕、早产或畸胎。能导致化学致突变的毒性物质有苯、氯乙烯、氟化乙烯、氯丁二烯、甲醛、磷酸三甲酯、多环芳烃、乙撑亚胺、芥子气等。

致癌作用是指某些致癌毒性物质，可导致体细胞突变，产生肿瘤的作用。致癌毒性物质可分为直接致癌毒性物质和间接致癌毒性物质，前者为数不多，后者数量较多，详见附录 3。

致畸作用是指毒性物质对胚胎产生各种不良影响，导致畸胎、死胎、胎儿生长迟缓或某些功能不全等缺陷的作用。

4.7.4 剧毒化学品的特点

无机剧毒化学品多为含有氰基(—CN)、汞、磷、砷、硒、铅等的化合物；有机剧毒化学品多含有磷、汞、铅、氰基、卤素、硫、硅、硼等的化合物；生物碱为含有氮、硫、氧的碱性有机物。

剧毒化学品常具有以下特点：

(1) 剧烈的毒害性，少量进入机体即可造成中毒或死亡。

(2) 相当多的剧毒化学品具有隐蔽性，即多为白色粉状、块状固体或无色液体，易与食盐、糖、面粉等混淆，不易识别。

(3) 许多剧毒化学品还具有易燃、爆炸、腐蚀等特性，如液氯、四氧化锇、三氟化硼等。

(4) 一些剧毒化学品与其他物质混合时反应剧烈，甚至可产生爆炸。如氰化物与硝酸盐、亚硝酸盐等混合时反应就相当剧烈，可以引起爆炸。

(5) 一些剧毒化学品能与其他物质作用产生剧毒气体。如氰化物与酸接触生成剧毒氰化氢气体，磷化铝与水或水蒸气作用生成易燃、剧毒的磷化氢气体。

常见剧毒化学品中毒症状与急救方法见附录 3。

4.7.5 剧毒化学品的管理

剧毒化学品的管理(购买、领取、使用、保管等)要根据国务院、公安部和各地方的相关法规标准严格执行，如国务院自 2011 年 2 月 16 日起施行的《危险化学品安全管理条例》、公安部自 2005 年 8 月 1 日起施行的《剧毒化学品购买和公路运输许可证件管理办法》和北京市质量技术监督局自 2008 年 4 月 28 日起施行的《剧毒化学品库安全防范技术要求》等。剧毒化学品管理的重点要求是：要设专用库房和防盗保险柜，以及双人领取验收、双人使用、双人保管、双锁、双账的“五双”原则等。各基层单位再根据这些要求结合本单位实际情况制定具体管理制度。

4.7.6 实验室防止中毒的技术措施

(1) 以无毒、低毒的化学品或工艺代替有毒或剧毒的化学品或工艺。这是从根本上解决防毒问题的最好方法。如苯有“三致”作用，尽可能用毒性较低的化学品(如环己烷等)来代替；汞的毒性大，就采用无汞仪表代替含汞仪表，等等。

(2) 设备密闭化、管道化、机械化,防止实验中“冲、溢、跑、冒”事故。

(3) 隔离操作和仪表自动控制可以起到隔离作用,防止人和有毒物质直接接触。

(4) 要通风排毒和净化回收。通风排毒有局部排风、局部送风和全面通风换气三种方式,可以将操作现场的毒气及时排走或稀释到卫生标准规定的范围内。净化回收就是要将有毒废液回收到专门的容器内再作无害化处理,使之达到排放标准。

(5) 注意消除二次染毒源。

(6) 加强个人防护。个人防护是辅助的,但也是必要的。主要措施有:防护服装、防毒面具、氧气呼吸器、防护眼镜等。

(7) 定期检查毒性物质在空气中的浓度。

(8) 建立卫生保健和卫生监督制度。

4.7.7 感染性物质

指含有或怀疑含有病原体的物质,包括微生物(如细菌、病毒、立克次氏体、寄生生物、真菌)或微生物重组体(杂交体或突变体),以及已知含有或认为可能含有任何感染性物质的生物制品和诊断样品。

4.7.8 麻醉药品及麻醉药(麻醉剂)

麻醉药品是指连续使用后易产生生理依赖性、能成瘾癖的药品。麻醉药品与日常所说的麻醉药有本质上的不同。人们常说的麻醉药是指具有麻醉作用的麻醉剂,包括全身麻醉剂和局部麻醉剂。人们使用麻醉剂不会产生生理依赖性,也不会成瘾癖。麻醉剂大部分是人工合成的,如乙醚、普鲁卡因、丁卡因、利多卡因和氯乙烷等。麻醉药品主要是从罂粟、大麻或可可豆等中提取出来的生物碱,如阿片类、吗啡类、可卡因、海洛因等,以及后来发展起来的冰毒、摇头丸等。

一般来讲,科研单位使用的麻醉药品或麻醉药(麻醉剂)数量不多,但也要分别参照2005年7月26日国务院第100次常务会议通过、自2005年11月1日起施行的《麻醉药品和精神药品管理条例》和卫生部门关于麻醉药(麻醉剂)的相关管理文件严格执行,避免各种安全事故的发生。

4.8 放射性物质

依据国家标准《危险货物分类和品名编号》(GB 6944—2012),属于危险化学品范畴的放射性物质是指含有放射性核素,并且其活度和比活度均高于国家规定的豁免值的物质。

与放射性物质相关的安全知识请见7.2~7.5节。

4.9 腐 蚀 品

腐蚀品主要是指能灼伤人体组织并对金属、纤维制品等物质造成腐蚀的固体或液体。所谓腐蚀，是指物质与腐蚀品接触后发生化学反应、表面受到破坏的现象。

4.9.1 腐蚀品分类与分级

腐蚀品按其化学性质可分为酸性腐蚀品、碱性腐蚀品和其他腐蚀品三类，而各类腐蚀品又依其腐蚀性强弱和化学组成，分为以下各项：

1. 酸性腐蚀品

一级无机酸性腐蚀品：这类物品包括具有氧化性的强酸和遇湿能生成强酸的物质，均有强烈的腐蚀性，如硝酸、浓硫酸、浓盐酸、氢氟酸等。

一级有机酸性腐蚀品：这类物品具有强腐蚀性并有酸性，如苯甲酰氯、苯磺酰氯等。

二级无机酸性腐蚀品：如磷酸、三氯化锑、四碘化锡等。

二级有机酸性腐蚀品：如冰醋酸、苯酐等。

2. 碱性腐蚀品

无机碱性腐蚀品：如氢氧化钠、氢氧化钾等。

有机碱性腐蚀品：主要为有机碱金属化合物，如烷基醇钠等。

3. 其他腐蚀品

无机其他腐蚀品：如亚氯酸钠溶液、氯化铜溶液、氯化锌溶液等。

有机其他腐蚀品：如苯酚钠、甲醛溶液等。

4.9.2 腐蚀品的危险特性

1. 腐蚀性

这是腐蚀品的主要特性，其腐蚀作用主要包括三个方面：

(1) 对人体的伤害　人们直接接触这些物品后，会引起表面灼伤或发生破坏性创伤，特别是接触氢氟酸时，能发生剧痛，使组织坏死，若不及时治疗，会导致严重的后果。当人们吸入腐蚀品挥发出的蒸气或飞扬到空气中的粉尘时，会造成呼吸道黏膜被损伤，引起咳嗽、呕吐、头痛等症状。因此在使用和储运中，操作人员必须严格执行操作规程，做好防护。

(2) 对有机物的腐蚀　腐蚀品能夺取有机物中的水分，破坏其组织成分并使之炭化。

(3) 对金属和非有机物的腐蚀　在腐蚀性物品中，无论是酸还是碱，对所有金属和部分非金属有机物均能产生不同程度的腐蚀作用。

2. 毒害性

多数腐蚀品具有不同程度的毒性,如发烟氢氟酸的蒸气在空气中即使短时间接触也是有害的,又如发烟硫酸挥发的三氧化硫对人体也具有相当大的毒害性。

3. 氧化性

有些无机腐蚀品虽然其本身并不燃烧,但都具有氧化性,有的是很强的氧化剂,与可燃物接触或遇高温时,可引起可燃物质燃烧,甚至爆炸。这类腐蚀品主要以无机腐蚀品为主,如浓硫酸、硝酸、过氯酸等。

4. 燃烧性

有机腐蚀品大都可燃或易燃,如苯酚、甲酚、甲醛等不仅本身可燃,且都能挥发出有刺激性或毒性的气体。

5. 遇水反应性

有些腐蚀品具有遇湿或遇水反应性,如氯磺酸、氧化钙等,反应过程中可放出大量的热或有毒、腐蚀性的气体。

4.9.3 腐蚀品储存和使用

(1) 应储存于阴凉、通风、干燥的场所,远离火源。

(2) 酸类腐蚀品应与氰化物、氧化剂、遇湿易燃物质远离。

(3) 具有氧化性的腐蚀品不得与可燃物和还原剂同柜储存。

(4) 有机腐蚀品严禁接触明火或氧化剂。

(5) 使用过程中应有良好的通风条件,受到腐蚀后应用大量的水冲洗。漂白粉、次氯酸钠溶液等应避免阳光直射。

(6) 因有些腐蚀品同时具有毒性,使用过程中应注意防护。

(7) 受冻易结冰的冰醋酸、低温易聚合变质的甲醛等则应储存于冬暖夏凉的库房。

4.9.4 腐蚀品火灾的扑救

(1) 腐蚀品可造成人体化学灼伤,因此,扑救火灾时灭火人员必须穿防护服,佩戴防护面具。

(2) 腐蚀品着火一般可用水、干砂、泡沫进行扑救。使用水扑救腐蚀品火灾时,应尽量使用低压水流或雾状水,不宜用高压水扑救,避免腐蚀品溅出。

(3) 有些强酸、强碱,遇水能产生大量的热,不可用水扑救。对于遇水产生酸性烟雾的腐蚀品,也不能用水扑救,可用干粉、干砂扑救。

(4) 遇腐蚀品容器泄漏,在火灾被扑灭后应将泄漏的腐蚀品收集到专用容器,并采取堵漏措施。

4.9.5 常见腐蚀品的性质举例

1. 硫酸

硫酸为无色透明黏稠液体。相对分子质量98.08,相对密度1.84,沸点330℃。能与水以任何比例混合,遇水大量放热。

硫酸具有强烈的刺激性和腐蚀性,溅入眼内可造成灼伤、角膜穿孔,甚至失明。吸入蒸气可引起呼吸道刺激,重者导致呼吸困难和肺水肿,高浓度引起喉痉挛或声门水肿而窒息死亡。皮肤灼伤者出现红斑,重者导致溃疡,愈后斑痕收缩影响功能。

浓硫酸具有强烈氧化性,与有些有机物可发生磺化反应。稀硫酸与金属反应放出氢气,遇电石、高氯酸、硝酸盐、苦味酸盐、金属粉末等猛烈反应,引起燃烧或爆炸。该物质可用于化工、医药、石油提炼等工业。火灾现场有硫酸时,可采用干砂、干粉灭火剂灭火。

2. 氢氧化钠

氢氧化钠为白色易潮解的固体,有强吸湿性,易吸收空气中的二氧化碳而变质。相对分子质量40.01,熔点318.4℃,沸点1390℃。易溶于水,不溶于丙酮、乙醚。

氢氧化钠具有强烈刺激性和腐蚀性。粉尘对眼和呼吸道有强烈的刺激作用,皮肤和眼接触可引起灼伤,误服可引起消化道灼伤、黏膜糜烂、出血、休克。与酸发生中和反应并放热。遇水和水蒸气放出热量,形成腐蚀性溶液。氢氧化钠不燃,应根据着火原因选择适当灭火剂灭火。

3. 苯甲酰氯

苯甲酰氯为无色发烟液体,有刺激性气味。相对分子质量140.57,沸点197℃,闪点72℃,引燃温度185℃,爆炸极限1.2%~4.9%。溶于乙醚、氯仿、苯和二硫化碳。

苯甲酰氯对皮肤和黏膜有强烈的刺激性,皮肤接触可引起灼伤。遇明火、高热可燃,遇水或水蒸气反应放热并产生有毒的腐蚀性气体,对很多金属尤其是潮湿空气存在下有腐蚀作用。应与氧化剂、碱类、醇类分开存放,切忌混存。可用干粉、二氧化碳灭火器灭火。

4.10 杂项危险物质和物品

具有其他类别未包括的危险的物质和物品称为杂项危险物质和物品,如:

(1) 环境危害物质;

(2) 高温物质;

(3) 经过基因修改的微生物或组织。

思考题

1. 根据国家标准《危险货物分类和品名编号》(GB 6944—2012),危险化学品分为哪几大类?
2. 为什么爆炸品着火不能用沙土覆盖?
3. 如何扑救气体类火灾?
4. 易燃液体有哪些危险特性?
5. 盛装易燃液体的容器为什么要留有5%以上的空间?
6. 为什么不能用塑料制品容器盛装易燃液体?
7. 易燃固体有哪些危险特性?
8. 如果实验室发生大量金属钠燃烧引发的火灾,可选用哪些灭火器材扑救?
9. 毒性物质进入人体的途径有哪几种?对人体的伤害有哪些?
10. 实验室防止中毒的技术措施有哪些?
11. 常见的酸性腐蚀品和碱性腐蚀品有哪些?请举例说明。

主要参考资料

[1] 国家标准《危险货物分类和品名编号》(GB 6944—2012).
[2] 国家标准《化学品分类和标签规范　第18部分　急性毒性》(GB 30000.18—2013).
[3]《剧毒化学品目录》(2015年版).
[4] 周忠元,田维金,邹德敏.化工安全技术.北京:化学工业出版社,1993.
[5] 徐耀标,俞志明,张永明.化学危险品消防急救手册.北京:化学工业出版社,1994.
[6] 任引津,张寿林.急性化学物中毒救援手册.上海:上海医科大学出版社,1994.
[7] 刘定福.安全工程化学基础.北京:化学工业出版社,2004.
[8] 岳茂兴,等.危险化学品事故急救.北京:化学工业出版社,2005.
[9] 孙维生.常见化学危险品的危害及防治.北京:化学工业出版社,2005.
[10] 向光全,主编.企事业消防安全管理.武汉:湖北科学技术出版社,1996.
[11] 张荣,张晓东.危险化学品安全技术.北京:化学工业出版社,2009.
[12] 周长江,王同义,主编.危险化学品安全技术管理.北京:中国石化出版社,2004.
[13] 蒋成军,主编.危险化学品安全技术与管理.第二版.北京:化学工业出版社,2009.
[14] 何晋浙,主编.高校实验室安全管理与技术.北京:中国计量出版社,2009.
[15] 李五一,主编.高校实验室安全概论.杭州:浙江摄影出版社,2006.
[16] 郑瑞文.危险化学品防火.《消防科技》编辑部编辑出版,1995.
[17] 国家标准《化学品分类和危险性公示通则》(GB 13690—2009).

第5章 用电安全

5.1 用电安全的重要性

在现代生活、工作的各个领域，用电规模越来越大，各种用电设备越来越多。电能由于具有便于输送、容易控制、对环境没有污染等特点，已经成为使用最广泛的动力能源。但是，电在造福于人类的同时，也存在着潜在的危险。如果缺乏用电安全知识和技能，违反用电安全规律，就会发生人体触电或电气火灾事故，导致人身伤亡或设备损坏，造成重大损失。所以，必须重视用电安全。本节主要介绍人身安全、电气线路安全、用电设备安全和用电环境安全等四方面内容。

5.1.1 人身安全

保证人身安全，是任何安全工作中第一位重要的，用电安全最根本的目的也在于此。当然，人身安全是一个广义的概念，几乎所有安全工作都存在人身安全问题。本小节重点讲述人体不慎触电对人身安全构成的伤害，以及如何防止人体触电和触电抢救等方面知识。

人体触电指的是电流通过人体时对人体产生的生理和病理伤害。无论是交流电或直流电，在通过同样电流的情况下，对人体都有相似的危害。

电流对人体的伤害可分为电击和电伤两种类型。

1. 电击

电击是电流通过人体时对体内组织器官、神经系统造成的损害，严重时会危及生命，是内伤。按照人体触电及带电体的方式和电流流经人体的途径，电击可分为以下三种形式：

(1) 单相电击　单相电击是指人站在导电性地面或其他接地导体上，身体某一部位触及一相带电体造成的触电事故。单相电击的危险程度不但与带电体电压高低、人体电阻、鞋和地面状态等因素有关，还与人体与接地地点的距离及配电网对地运行形式有关。据统计，大部分人体触电事故都是单相电击事故。

(2) 两相电击　两相电击是指人体离开接地导体，身体某两部位同时触及两相带电导体造成的触电事故。两相电击的危险程度主要取决于两相带电体之间的电压高低和人体电阻大小等因素，一般说来，其危险性是比较大的。

(3) 跨步电压电击　跨步电压电击是指人体进入地面带电区域时，两脚之间承受的跨步电压造成的触电事故。所谓跨步电压，即当电流流入地下时，电流自接地体向四周流散，于是接地体周围的土壤中产生电压降，接地点周围地面将呈现不同的对地电压。

2. 电伤

电伤是电流以热效应、机械效应、化学效应等形式对人体外表造成的局部伤害。这种伤害通常发生在机体外部，是外伤，一般无生命危险。电伤可分为以下几种情况：

(1) 电烧伤　是指电流的热效应对人体造成的伤害，是最为常见的电伤。电烧伤包括电流灼伤和电弧烧伤。

(2) 电烙印　是指在人体与带电体接触的部位留下的永久性痕迹，如同烙印。痕迹处一般不发炎也不化脓，而是皮肤失去弹性、色泽，表皮坏死，失去知觉。

(3) 皮肤金属化　是指在电弧极高温度(中心温度可高达8000℃左右)作用下，金属熔化、气化，其微粒溅入皮肤表层致使皮肤金属化。金属化的皮肤粗糙坚硬，经过较长时间后自行脱落。

3. 影响电流对人体作用的几个因素

(1) 电流强度

通过人体的电流越大，对人体的伤害越严重。根据电流对人体的伤害程度，可以将电流分为感知电流、摆脱电流和致命电流。

感知电流：能够引起人体感觉的最小电流称为感知电流。成年男性平均感知电流为1.1 mA，成年女性为0.7 mA。感知电流不会对人体构成伤害。

摆脱电流：人体触电后能够自主摆脱电源的最大电流称为摆脱电流。成年男性平均摆脱电流为16 mA，成年女性为10.5 mA。

致命电流：在很短时间内导致生命危险的电流称为致命电流。一般情况下，50 mA的电流可使心室颤动，100 mA以上的电流足以致命。

(2) 持续时间　电流通过人体的持续时间越长，对人体的伤害越严重。这主要是由于持续通电时间过长，外电能在体内积累越多，较小的电流就可使心室颤动；持续通电时间过长，导致人体出汗和体内组织电解，使人体电阻逐渐降低，电流增大，触电后果愈加严重。人的心脏每收缩扩张一次就有0.1秒的间歇，在这0.1秒时间内，心脏对电流最敏感。如果电流在这一瞬间流经心脏，即使电流不大，也会给心室造成很大危险。

(3) 电流频率　不同频率的电流对人体的伤害程度有所区别。50～60 Hz的工频电流对人体的伤害最为严重。高频电流(2000 Hz以上)对人体的伤害反而比工频电流降低，低频电流(20 Hz以下)对人体的伤害更小。

(4) 电流流经人体的途径　电流通过心脏、中枢神经(脑部和脊椎)、呼吸系统都会对人体造成极大的伤害。从左手通过前胸到脚是最危险的电流途径，这时心脏、肺部等重要器官都在电路内，极易导致心室颤动和中枢神经失调而死亡。电流从右手到脚危险性要小一些，但会因痉挛而摔伤；从右手到左手的危险性又比从右手到脚要小一些；脚到脚的危险性更小。

（5）人体状况　触电危险性和触电者的性别、年龄、健康状况等因素有直接关系。身体健壮、经常从事体育锻炼的人要比患心脏病、结核病、内分泌器官疾病及精神状态不好或经常醉酒的人的触电后果要轻。老年人、儿童的触电后果比年轻人重，女性比男性重。

4. 防止人体触电的基本措施

人体触电事故是电气事故中最常见的、最危险的，也是和用电者关系最密切的一类电气事故，必须做好这类事故的防范工作。

（1）绝缘防护　使用绝缘材料将导电体封护或隔离起来，保证电气设备及线路能够正常工作，防止人体触电，这就是绝缘保护。要注意两点：一是绝缘材料质量要好，包括电气性能、机械性能、热性能、耐冲击性能、化学稳定性等；二要经常检查设备和线路的绝缘情况，发现问题及时处理。绝缘被破坏可能有三个原因：一是击穿，包括电击穿、热击穿、电化学击穿等各种方式；二是自然老化；三是由于机械磨损、有害物质腐蚀等因素造成的损坏。

（2）屏护　屏护是采用遮栏、围栏、护罩、护盖或隔离板、箱闸等把危险带电体同外界隔绝开来，以减少触电事故的可能性，还起到防止电弧伤人、弧光短路和便利检修工作的作用。屏护装置主要用于电气设备不便于绝缘或绝缘不足以保证安全的场合。如开关电器的可动部分一般不能加包绝缘，而需要屏护；不论高压设备是否已加绝缘，都要采取屏护措施，并加以明显标志，如“止步，高压危险！”等标示牌，必要时还应上锁。

（3）仪器设备外壳要良好接地　当电气设备一旦漏电或被击穿时，平时不带电的金属外壳和金属部件便带有电压，人体触及时就会发生危险。如果外壳接地，就会明显降低触电电压，大大减轻危险程度。大型仪器和电热设备更需要这样做。

（4）安装漏电保护装置　漏电保护是目前比较先进、比较安全的技术措施。它的主要作用是：当电气设备或线路发生漏电或接地故障时，能在人体尚未触及之前把电源切断。万一人体不慎触电时，也能在 0.1 秒内切断电源，从而减轻电流对人体的伤害。高压电（300 V 以上）使用者、特殊的用电环境、重要场所、大型仪器设备等必须安装漏电保护器，有条件的一般用电单位最好也要装上。

（5）其他常识　还有一些防止触电的常识，也应该高度重视。例如，操作电器时手必须干燥；不能用试电笔去试高压电；修理或安装电器设备时先切断电源；在必要时要在安全电压下工作，等等。另外，也要注意高频电磁场对人体造成的生理伤害以及静电在某些特殊环境中的危害。

5.1.2　电气线路安全

电气线路包括室外高压、低压架空线路、电缆线路、室内低压配线、二次回路等，以下主要介绍实验室内低压配线的线路安全。

1. 实验室线路

高校化学实验楼所有室内线路，都必须按照国家或行业相关标准和要求进行设计和敷设。实验室线路要有动力电和照明电两个独立系统。单相电是三线制（相线、零线、地线），三相电是五线制（三根相线、一根零线和一根地线）。实验室要安装配电箱。各实验台的分闸和照明灯的开关在配电箱内。所有动力电和照明电的电闸全部是空气开关，每一个回路都配有漏电保护器，某些特殊环境还需进行防爆处理。有条件时，还应该实施双路供电。

配电箱是安全用电的重要部位，一旦发生事故，必须争取时间首先拉断电闸。所以，各实验室和办公室的配电箱前面不允许放置遮挡物（冰箱、仪器等）。万一实验室电闸因故不能断开，要尽快把楼道配电柜内控制该房间的电闸断开。楼道配电柜的电闸和室内配电箱各空气开关都要有永久性标志，注明各自负责的范围。

2. 对导线的要求

（1）导线的种类　常见的导线有铜芯、铝芯和铁芯三种。铜芯导线电阻最小，导电性能最好；铝芯导线次之；铁芯导线电阻最大，但机械强度最好，能承受较大外力。导线也有裸导线和绝缘导线之分，裸导线主要用于室外架空线路、变配电站等场所，绝缘导线广泛用于生产、生活的各个方面。

（2）导线的安全载流量　导线长期允许通过的电流称为导线的安全载流量。它主要取决于线芯的最高允许温度。如果通过导线的实际电流超过了安全载流量，电流的热效应会使线芯温度增高，超过最高允许温度，加速绝缘层的老化甚至被击穿，容易引起火灾。因此，导线的安全载流量要大于电器设备的额定电流值，这是保证线路安全最重要的措施。

（3）导线的绝缘性能　无论使用哪一种导线，它的绝缘材料各方面性能都要处在良好状态。如果绝缘材料开始老化或某些部位的金属线芯已经裸露在外，应及时更换。

3. 不允许私自拆改实验室线路

实验室内各种线路都是按标准敷设的，三相电的负荷平均分配。如果私自拆改线路，增大或减小了某一相电的负荷量，就会出问题。用临时电线，不仅影响实验室美观，还容易造成用电不平衡。如果确因需要一定要改造实验室电气线路，必须经过相关部门同意，并由专业电工操作完成。

4. 插头、插座

要根据电流电压的要求选用质量好的合格产品。劣质产品铜材料的质量、厚度、面积都会有问题，使接触电阻过大或实际载流量偏大，容易发生危险。插销板要放在台面上或绝缘物品上，不要放在地面上，以免漏水时发生短路。插头也要经常检查内部接线处是否脱落。

大型仪器、电热设备及有保护接零要求和单相移动式电气设备，都应使用三孔插座。

5. 增加过多仪器设备注意增容

实验室新增过多仪器设备，尤其是大型仪器，要考虑室内配电总容量。如果容量不够，必须增容，以免过载。

6. 防爆灯及防爆开关

化学实验楼的某些房间，如试剂库、有机和高分子的部分实验室，由于易燃性气体浓度过高，遇火源会发生爆炸或火灾，还可能爆炸和火灾同时发生，造成严重的人身伤亡和经济损失。所以，在这些房间必须要安装防爆灯及防爆开关。主要是因为这些防爆电气设备，通过特殊设计与制作，能防止其内部可能产生的电弧、火花和高温引燃周围环境里的可燃性气体，从而达到防爆要求。当然，不同的可燃性气体混合物环境对防爆灯及防爆开关的防爆等级和防爆形式有不同的要求。

防爆灯和防爆开关按防爆结构形式分为隔爆型、增安型、正压型、无火花型和粉尘防爆型共五种主要类型，也可以由其他防爆类型和上述各种防爆类型组合为复合型或特殊型。

隔爆型防爆设备是目前高校化学院(系)使用的主要类型。这类设备能承受内部爆炸性混合物的爆炸而不致受到破坏，而且通过外壳任何接合面或结构孔洞，不致使内部爆炸引起外部爆炸性混合物的爆炸。隔爆型设备的外壳主要用钢板、铸钢、铝合金、灰铸铁等材料制成，其耐压性和密封性要符合标准要求。

5.1.3 用电设备安全

高校化学院(系)的用电设备种类繁多，近几年又不断增加，尤其是大型仪器。所以，用电设备的安全问题日趋重要。如果出现问题，不仅用电设备本身受损，还有可能伤及人身或引发爆炸、着火等恶性事件。

用电设备安全应注意以下几点：

1. 仪器设备安装、使用前

(1) 熟悉仪器设备的各项性能指标　性能指标包括主要额定参数(如额定电压、额定电流、额定功率)以及工作环境允许的温度和湿度范围等，这些数据在仪器后面铭牌处都有注明。仪器设备的额定电压要和电气线路的额定电压相符，工作电流不能超过额定电流，否则绝缘材料易过热而发生危险。

(2) 清楚仪器设备的使用方法和测量范围　待测量必须与仪器仪表的量程相匹配。若待测量大小不清楚时，必须从仪器仪表的最大量程开始测量。

(3) 仪器设备电源不能接错　实验室大部分仪器设备的电源是 220 V、50 Hz 交流电，但也有少量仪器是 380 V 三相交流电或直流或低压电源。所以，使用陌生仪器时一定要看准使用哪种电源，并正确连接。

2. 仪器设备使用过程中

(1) 要严格按照说明书的要求正确操作仪器设备，这是避免仪器设备损坏和保护使用者人身安全最重要、关键的方法。实验室绝大多数仪器设备事故是由于操作者违规操作导致。

(2) 仪器设备工作时使用者不能离开现场,更不能长时间处于无人照看状态。

(3) 定期检查仪器设备使用状态,发现问题及时解决。检查的主要内容有:电源线绝缘、发热情况怎样,是否有裸露部分;插头是否接触不良;保护接地是否正确;仪器设备性能是否正常等。

(4) 需要水冷的仪器设备,在停水时要有报警和保护措施。

3. 仪器设备使用完毕

(1) 仪器设备使用完毕一定要关好电源,做好清理工作,各项指标、参数要恢复到原始状态。

(2) 定期对仪器设备进行维护和保养,尤其是由于各种原因长时间不使用的仪器设备更要经常开启、调试、保洁。

5.1.4 用电环境安全

无论是电气线路的敷设或是电气设备的使用,都需要一个安全、良好的用电环境,否则,在危险环境中用电,极易发生电气火灾事故。安全用电环境的基本要求如下:

(1) 实验室内环境的温度、湿度要合适。一般来讲,室内温度不能超过35℃,如果室内过于炎热,电气设备将由于散热不好容易烧毁。室内空气相对湿度也不要超过75%,空气太潮湿,容易导致短路事故。

(2) 实验室内的易燃、易爆品(特别是挥发性大的)不要超量存放。如果大量存放易燃、易爆品,这些物质的蒸气浓度超过爆炸极限时,遇电火花会引起爆炸、着火。

(3) 实验室内的导电粉尘(如金属粉末等)浓度不能过高。如果导电粉尘浓度过高,透入到仪器设备内部,容易引起短路事故。

(4) 实验室要有良好的通风、散热条件。

5.2 引起电气火灾的主要因素

5.2.1 短路

火线与地线或与零线的某一点在电阻很小或完全没有电阻的情况下碰在一起,引起电流突然增大的现象叫短路,俗称碰线、混线。短路一般有相间短路和对地短路两种。造成短路的主要原因是:

(1) 电线年久失修或长时间过热,使绝缘层老化或受损脱落。

(2) 电源电压过高，击穿绝缘层。

(3) 电线与金属等硬物长期摩擦，使绝缘层破裂。

(4) 劣质插头、插座或仪器内部线头脱落，相互搭接等等。

5.2.2 过载

过载就是输电线路实际负载的电流量超过了导线的安全载流量。造成过载的主要原因有两个：一是电线截面选择不当，实际负载超过了电线的安全载流量；二是原来设计安装的输电线路是符合安全载流量的，但后来在线路上接入了过多或功率过大的用电器具，超过了输电线路的负载能力。

5.2.3 接触电阻过大

接触电阻过大是指输电线路或仪器内部线路上接线点的电阻过大。接触电阻过大会使接线处过热，导致绝缘层燃烧。可能是由于以下几种情况引起的：

(1) 电气安装质量差，造成线与线、线与电器间的接线不牢靠。

(2) 接线点由于长期受震动或热胀冷缩等影响，使接头松动。

(3) 接线点周围污染严重或环境潮湿，使接线点生锈腐蚀，电阻增大。

(4) 铜铝线复接时，由于接头处理不当，在电腐蚀作用下接触电阻会很快增大。

5.2.4 控制器件失灵

某些仪器，特别是电热设备，如果控制器件失灵，到限定温度还继续加热，或不停机连续运转，将造成设备损坏或引起火灾。

5.2.5 电火花和电弧

静电积累到一定程度就会发生放电现象，各种开关、接触器、带电刷的设备运行时都会有电火花产生。如果化学实验室易燃、易爆气体浓度过大，一旦有电火花产生，就会造成爆炸，引起火灾。

5.2.6 散热不好

各类仪器设备都必须在散热条件好、无污染、温度和湿度适中的环境中使用，防止因散热不好导致仪器损坏。另外，仪器内部的灰尘也要定期清扫，以利散热。

5.3 化学实验室常用仪器设备安全使用常识

5.3.1 电热设备

电炉、电烤箱、干燥箱(烘箱)等都是用来加热的电热设备,加热用的电阻丝是螺旋形的镍铬合金或其他加热材料,温度可达800℃以上,使用时必须注意安全,否则容易发生火灾。使用中应注意以下几个问题:

(1) 电热设备应放在没有易燃、易爆性气体和粉尘及有良好通风条件的专门房间内,设备周围不能有可燃物品和其他杂物。

(2) 电热设备最好有专用线路和插座,因为电热设备的功率一般都比较大,如将它接在截面积过小的导线上或使用老化的导线,容易发生危险。

(3) 电热设备接通后不可长时间无人看管,要有人值守、巡视。要经常检查电热设备的使用情况,如:控温器件是否正常,隔热材料有否破损,电源线是否过热、老化,等等。

(4) 不要在温度范围的最高限值长时间使用电热设备。

(5) 如果加热用电阻丝已坏,更换的新电阻丝一定要和原来的功率一致。

(6) 不可将未预热的器皿放入高温电炉内。

(7) 电热烘箱一般用来烘干玻璃仪器和加热过程中不分解、无腐蚀性的试剂或样品。挥发性易燃物或刚用乙醇、丙酮淋洗过的样品、仪器等不可放入烘箱加热,以免发生着火或爆炸。

(8) 烘箱门关好即可,不能上锁。

总之,电热设备的使用要有严格的操作规程和制度。

5.3.2 电冰箱

电冰箱在实验室的使用越来越普遍,由于违规使用导致的实验室事故也非常多。冰箱使用过程中以下内容应高度重视:

(1) 保存化学试剂的冰箱应安装内部电器保护装置和防爆炸装置,最好使用防爆冰箱。

(2) 不要把食物放在保存化学试剂的冰箱内。

(3) 冰箱内保存的化学试剂,应有永久性标签并注明试剂名称、物主、日期等。化学试剂应该放在气密性好,最好是充满氮气的玻璃容器中。

(4) 不要将剧毒、易挥发或易爆化学试剂存放在冰箱里。

(5) 不要在冰箱内进行蒸发重结晶,因为溶剂的蒸气可能会腐蚀冰箱内部器件。

(6) 应该定期擦洗冰箱,清理药品。

5.3.3 空调器

空调器如果使用不当，也会引起火灾。主要原因是：电容器耐压值不够；受潮；电压过高被击穿；轴流风扇或离心风扇因故障停转使电机温度升高，导致过热短路起火；空调出风口被窗帘布阻挡，使空调机逐步升温，先引燃窗帘布再引起机身着火；导线过细载流量不足，造成超负荷起火等。因此，在使用空调时应做到：

(1) 空调器应配有专用插座且保证良好接地，导线和空调器功率要匹配。

(2) 空调器周围不得堆放易燃物品，窗帘不能搭在空调器上，要有良好散热条件。

(3) 空调开启后，温度不要调得太低，更不要长时间在太低温度下运行。门窗要关好，以提高空调使用效率。

(4) 经常检查空调器元件，定期检测制冷温度，定期擦洗空气过滤网，出现故障及时排除。

5.3.4 变压器

不少化学实验室都在使用各种类型电器变压器，但有些方面使用不规范，存在安全隐患。使用中应注意以下问题：

(1) 变压器应远离水源，例如最好不要放在通风柜内水嘴旁，以免溅上水引起短路。

(2) 变压器的功率要和电器的功率一致或者略大一些。

(3) 变压器电源进线上最好装上开关并接好指示灯，以提醒在电器使用完毕后及时切断电源。

(4) 不要在变压器周围堆放可燃性物质。

(5) 经常检查变压器在使用过程中的状况，如发现有异味或较大噪声，应及时处理。

为了更好地解决化学实验室常用设备的安全问题，建议最好购买带有防爆功能的电烘箱、电冰箱、空调器、变压器等电器设备。这类电器设备的控制电路、各种元器件以及内外部结构，都经过科学防爆设计，特别适合化学实验室使用。例如，化学防爆电冰箱，具有数字化 LED 温度设定与显示、外置式自保护控制线路、工作传感器和安全传感器，确保设备不会短路和断电；压缩机过载保护功能，在有故障的情况下，设备将自动断电，同时声光报警；内壁的防静电涂层确保不会产生静电，储存腔内没有任何线路，不会产生电火花；夹层内特制缓冲层，保证紧急情况下的安全等。化学实验室的易燃、易爆和易挥发化学品最好存放在化学防爆电冰箱里。

5.4 电气事故的规律性

电气事故是有一定规律性的，归纳起来主要有以下几点：

(1) 夏季(主要是 6～9 月)电气事故多。这段时间气温高，人体多汗，触电危险性大。

另外，这段时间多雨、气候潮湿，地面导电性增强，容易构成电击电流的回路；电气设备的绝缘性能降低，也容易漏电。

(2) 低压仪器设备事故多。主要原因是现在使用的低压仪器设备远远多于高压设备，接触低压仪器设备的人大大多于接触高压设备的人，因此发生事故的概率较高。

(3) 移动式电气设备出现事故多。主要是因为这些设备经常搬动，电源线和某些部件容易损坏。

(4) 电气连接部位容易出现事故。如接线端子、焊接接头、插头、插座等，这些部位由于长期频繁使用，可能造成接触不良、绝缘性能降低现象，导致事故发生。

(5) 违规操作极易发生电气事故。

(6) 管理混乱和缺乏安全教育的单位容易发生电气事故。

扑救电气火灾的注意事项：电气火灾和其他类型火灾相比有更大危险性。这主要是因为着火时电器设备可能带电，救火人员容易触电；某些电气设备着火时会发生爆炸，助长火势蔓延。因此，要十分重视扑救电气火灾的安全性。

5.5 触电急救方法

见9.2.2小节“触电事故应急处理方法”。

思考题

1. 简述电击和电伤对人体的伤害有哪些不同？
2. 防止人体触电的基本措施有哪些？
3. 要保证实验室电气线路安全，要注意哪几个方面？
4. 如何注意用电设备的安全？
5. 用电环境安全包括哪些？
6. 引起电气火灾的主要因素有哪些？
7. 电气事故有哪些规律性？
8. 扑救电气火灾应注意哪些问题？

主要参考资料

[1] 倪朝烁，等. 责任重于泰山(消防安全知识与法规). 北京：北京大学出版社，1997.
[2] 陈鸿黔，周宝龙，王聚德. 安全用电. 第2版. 北京：中国劳动出版社，1994.
[3] 杨有启，叶增禄. 电气防火实用技术. 北京：北京经济学院出版社，1995.
[4] 杨有启. 用电安全技术. 第2版. 北京：化学工业出版社，1996.
[5] 杨有启，等. 电工安全读本. 修订本. 北京：中国劳动出版社，2000.
[6] 劳动部职业安全卫生与压力容器监察局. 电工. 北京：中国劳动出版社，2002.
[7] 国家标准《低压配电设计规范》(GB 50054—2011).

第6章 压力容器安全

6.1 压力容器的危险性

压力容器和常规容器相比，有很大的危险性，这是由于压力容器内部压力高、使用条件苛刻、容易造成超温或超压、工作介质的毒性或腐蚀性等原因所致。所以，压力容器好像一颗炸弹，无论在哪个方面(设计、制造、使用等)出现一点问题，就会爆炸，造成人员伤亡。因此，我们必须掌握压力容器方面的安全知识，避免事故的发生。

6.2 压力容器的定义、分类

6.2.1 压力容器定义

2009年1月14日国务院第46次常务会议通过并自2009年5月1日起施行的《特种设备安全监察条例》规定："压力容器，是指盛装气体或者液体，承载一定压力的密闭设备，其范围规定为最高工作压力大于或者等于0.1MPa(表压)，且压力与容积的乘积大于或者等于2.5MPa·L的气体、液化气体和最高工作温度高于或者等于标准沸点的液体的固定式容器和移动式容器；盛装公称工作压力①大于或者等于0.2MPa(表压)，且压力与容积的乘积大于或者等于1.0MPa·L的气体、液化气体和标准沸点等于或者低于60℃液体的气瓶、氧舱等。"

压力容器广泛应用于石油、化工、冶金、机械、轻纺、医药、民用、军工以及科学研究等各个领域，在国民经济发展中占有重要地位。化学实验室的压力容器主要是各种气体钢瓶和各种高压反应釜、反应罐、反应器等。

6.2.2 压力容器分类

压力容器多种多样，可以按不同的特点分成以下几类：

---

① 公称工作压力：对盛装永久性气体的气瓶，系指在基准温度(一般为20℃)时所盛装气体的限定充装压力；对盛装液化气体的气瓶，系指温度为60℃时瓶内气体压力的上限值(液化气体压力的上限值除和温度有关外，还与充装系数有关)。

1. 按压力大小分类

这是最常见的分类方法。按所承受压力(p)的大小，压力容器可分为低压、中压、高压、超高压四个等级。具体划分如下：

低压容器(0.1 MPa$\leqslant p<$1.6 MPa)　　中压容器(1.6 MPa$\leqslant p<$10 MPa)

高压容器(10 MPa$\leqslant p<$100 MPa)　　超高压容器($p\geqslant$100 MPa)

2. 按压力容器的壳体承压方式分类

按壳体承压方式不同，压力容器可分为内压(壳体内部承受介质压力)容器和外压(壳体外部承受介质压力)容器两大类。

3. 按设计温度高低分类

按设计温度(t)的高低，压力容器可分为：

低温容器($t\leqslant -20$℃)

常温容器(-20℃$<t<450$℃)

高温容器($t\geqslant 450$℃)

4. 按压力容器的安全性能分类

从安全角度分类，压力容器可分为固定式容器和移动式容器两大类。

(1) 固定式压力容器　系指有固定的安装和使用地点，工艺条件和使用操作人员也比较固定，一般不是单独装设，而是用管道与其他设备相连接的容器。

(2) 移动式压力容器　系指一种储装容器，如气瓶、化学反应罐等。这类容器无固定使用地点，一般也没有专职的操作人员，使用环境经常变化，管理比较复杂，容易发生事故。

其他分类方法详见有关专业书籍。

6.3　压力容器的设计、生产和使用

我们选用的压力容器，必须是经过国家有关部门批准的设计、生产单位的产品。不允许擅自设计、生产，也不允许请无设计、生产压力容器许可证的单位制造压力容器。

6.3.1　压力容器设计要求

压力容器的设计对压力容器安全至关重要。2009 年 5 月 1 日起施行的《特种设备安全监察条例》中第二章第十一条规定：“压力容器的设计单位应当经国务院特种设备安全监督管理部门许可，方可从事压力容器的设计活动。”压力容器的设计单位应当具备下列条件：

(1) 有与压力容器设计相适应的设计人员、设计审核人员。

(2) 有与压力容器设计相适应的场所和设备。

(3) 有与压力容器设计相适应的健全的管理制度和责任制度。

在压力容器的具体设计中，必须满足以下几个基本要求：

(1) 强度(容器在确定的内部压力或外部作用力下抵抗破裂的能力)要符合或优于设计标准。

(2) 刚度(容器防止变形，大部分情况是局部变形的能力)要符合或优于设计标准。

(3) 稳定性(容器在外力作用下，保持其整体形状不发生突然性改变的能力)要好。

(4) 容器的使用寿命要长。

(5) 容器要有良好的整体密闭性。

(6) 要有安全装置和安全泄压装置。在压力容器上的安全装置通常有安全阀、爆破片、压力表、液面计、温度计或探头、易熔塞、紧急切断阀等。在下列情况下压力容器必须安装安全泄压装置：

➢ 在生产过程中可能因物料的化学反应(或相态变化)使其内部压力增加。
➢ 盛装液化气体的容器，由于介质温度升高其饱和蒸气压也相应增加。
➢ 压力来源处没有安装安全阀的容器。
➢ 安装于系统内，其最高工作压力小于压力源压力的容器。

6.3.2 压力容器的生产

压力容器等特种设备生产、制造单位，应当经国务院特种设备安全监督管理部门许可，方可从事相应的活动。特种设备的生产、制造、安装、改造单位应当具备下列条件：

(1) 有与特种设备制造、安装、改造相适应的专业技术人员和技术工人。

(2) 有与特种设备制造、安装、改造相适应的生产条件和检测手段。

(3) 有健全的质量管理制度和责任制度。

特种设备出厂时，应当附有安全技术规范要求的设计文件、产品质量合格证明、安装及使用说明、监督检验证明等文件。

压力容器的生产主要应注意以下几个问题：

(1) 选用材料是否合格(钢材的型号、厚度等)。

(2) 生产技术是否过关(焊接技术等)。

(3) 监督检验要严格。

(4) 各种文件要齐全。

6.3.3 压力容器的使用要求

使用压力容器进行高压实验，要注意以下几点：

(1) 压力容器操作人员必须经过严格培训，掌握压力容器方面的基本知识。

(2) 压力容器实验最好在有防护措施(防护板或防护墙、防护面具、防护手套等)的专门实验室进行。

(3) 要遵守安全操作规程,熟记本岗位的工艺流程,掌握本岗位压力容器操作顺序、方法及对一般故障的排除技能;并做到认真、如实地填写操作运行记录,加强对容器和设备的巡回检查和维护保养。

(4) 压力容器操作人员应了解生产流程中各种介质的物理性能和化学性质,了解它们之间可能引起的物理、化学变化,以便发生意外时能做到判断准确,处理正确及时。

(5) 避免由于错误操作造成超温超压,这往往是压力容器事故的主要原因。

(6) 压力容器应做到平衡操作,加压卸压、加热冷却都应缓慢进行,要减少震动或移动。

(7) 实验过程中如发现泄漏现象,一定要正确处理,不要在工作状态下拆卸螺栓或压盖等。因为容器内部压力高于外部压力,一旦这样做,就会导致严重事故。

6.4　各类气瓶的使用和管理

6.4.1　气瓶的基础知识

1. 气瓶的分类

气瓶的种类和分类方法很多,可以按形状分类,按制造方法分类,按瓶内介质状态分类等。以下重点介绍按瓶内介质状态分类。

(1) 永久气体气瓶　此类气瓶是指在常温下瓶内充装的气体(临界温度低于－10℃)永远是气态。如最常用的氧气、氢气、氮气、空气气瓶等。这类气瓶由于是压缩气体,内部压力高,所以,都用无缝钢质材料制成,也称无缝气瓶(图 6-1)。

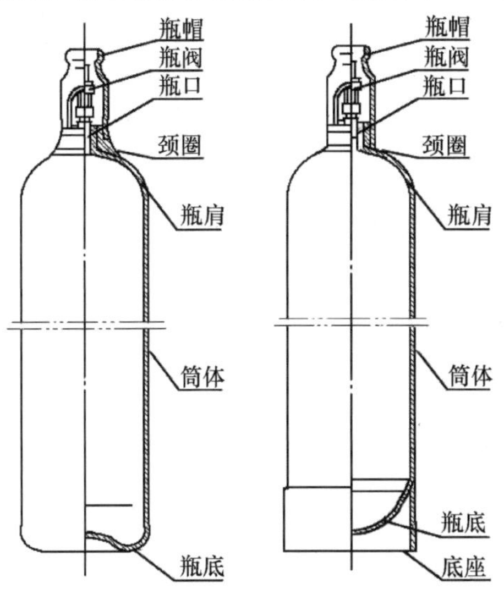

图 6-1　两种典型的永久气体气瓶

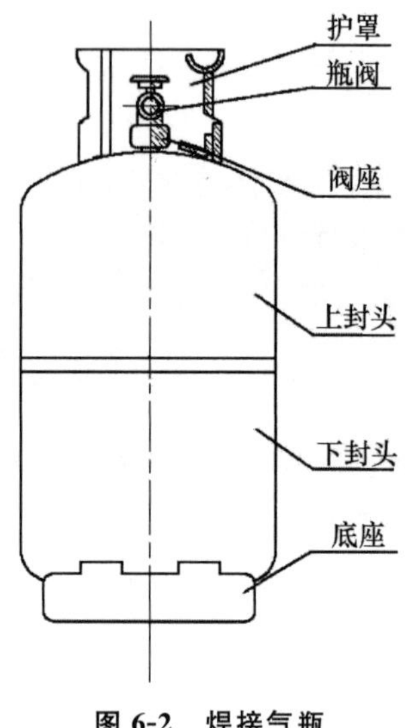

图 6-2 焊接气瓶

(2) 液化气体气瓶　此类气瓶是指瓶内充装气体的临界温度等于或高于－10℃的气瓶。这些气体在常温、常压下，有的是气态，有的是气、液两相共存的状态。但在充装时，是采用加压或低温液化处理后才灌入瓶中的。例如乙烯、二氧化碳、液氨、液氯气瓶等。此类气瓶由于内部压力不是很高，所以一般采用焊接气瓶(图 6-2)。

(3) 溶解乙炔气瓶　此类气瓶是专门盛装乙炔用的，即把乙炔溶解在丙酮中，然后再灌入带有填料的气瓶中。主要用于电焊，实验室很少使用。

2. 气瓶的钢印标记

气瓶的钢印标记是识别气体和认定气瓶质量的依据，无钢印的气瓶不能使用。气瓶的钢印标记有两种：

(1) 制造钢印标记　制造钢印标记(图 6-3)是由气瓶生产厂家用机械或人工方法打铳在气瓶肩部、筒体或瓶阀护罩上的。主要内容包括：钢瓶制造单位代号或商标、钢瓶编号、水压试验压力(MPa)、公称工作压力(MPa)、钢瓶制造单位检验标记和制造年月、安全监察部门的监验标记等。

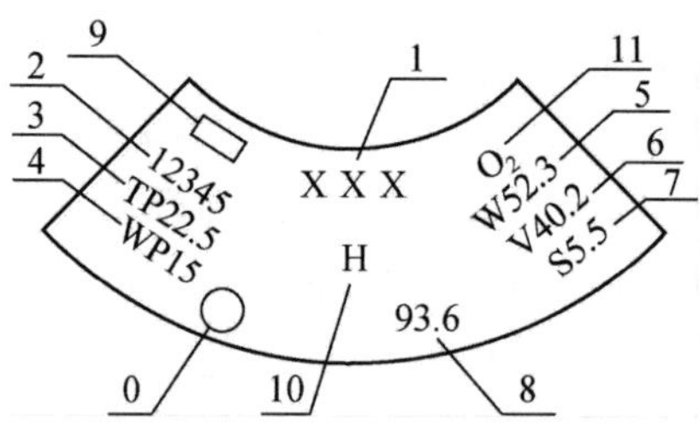

图 6-3 气瓶制造钢印标记(气瓶肩部)

0. 制造单位检验标记；	6. 实测容积(L)；
1. 钢瓶制造单位代号或商标；	7. 瓶体设计壁厚(mm)；
2. 钢瓶编号；	8. 制造年月；
3. 水压试验压力(MPa)；	9. 安全监察部门的监验标记；
4. 公称工作压力(MPa)；	10. 寒冷地区用钢瓶代号；
5. 实测重量(kg)；	11. 盛装介质名称或化学分子式

(2) 检验钢印标记　检验钢印标记(图 6-4)是气瓶检验单位对气瓶进行定期检验后，打铳在气瓶肩部、筒体或瓶阀护罩上的。主要内容有：检验单位代号、检验日期、下次检验日期、降压标记、改装后的公称工作压力等。

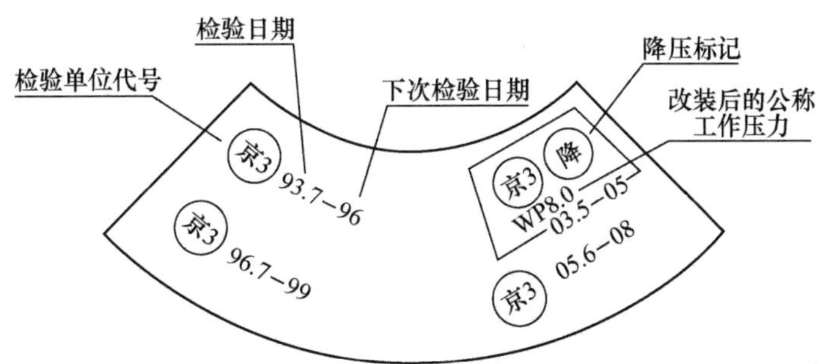

图 6-4　气瓶检验钢印标记(气瓶肩部)

3. 气瓶的颜色标记

气瓶的颜色标记包括气瓶的外表面颜色和文字、色环的颜色。气瓶本身涂抹颜色的作用有两个：一是可以通过特征颜色识别瓶内气体的种类；二是防止锈蚀。

在我国国内，无论是哪个厂家生产的气体钢瓶，只要是同一种气体，气瓶的外表颜色都是一样的。作为常识，我们必须熟记一些常用气瓶(如氢气瓶是深绿色，氮气和空气瓶是黑色等)的颜色，这样，即使在气瓶的字样、色环颜色模糊后，也能够根据气瓶的颜色确认瓶内的气体。所以，气瓶颜色是一种安全标志。

气瓶颜色标记喷涂位置见图 6-5，国内常用气瓶的颜色标记如表 6-1。

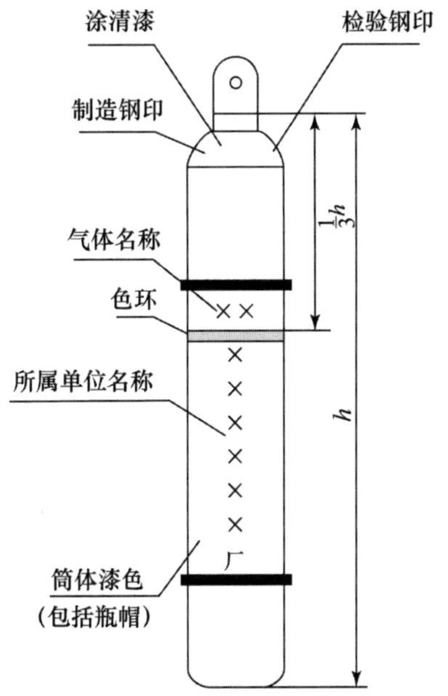

图 6-5　气瓶颜色标记喷涂位置

表 6-1　我国常用气瓶的颜色标记

气瓶名称	化学式	外表颜色	字　样	字样颜色	色　环
氢	H_2	淡绿	氢	大红	$p=20$，大红单环 $p\geqslant 30$，大红双环
氧 氮 空气	O_2 N_2	淡蓝 黑 黑	氧 氮 空气	黑 白 白	$p=20$，白色单环 $p\geqslant 30$，白色双环
氨	NH_3	淡黄	液氨	黑	
氯	Cl_2	深绿	液氯	白	
硫化氢	H_2S	白	液化硫化氢	大红	
氯化氢	HCl	银灰	液化氯化氢	黑	
天然气(民用)		棕	天然气	白	
液化石油气		银灰	液化石油气	大红	
二氧化碳	CO_2	铝白	液化二氧化碳	黑	$p=20$，黑色单环
甲烷	CH_4	棕	甲烷	白	$p=20$，白色单环 $p\geqslant 30$，白色双环
丙烷	C_3H_8	棕	液化丙烷	白	
氦 氖 氩 氪	He Ne Ar Kr	银灰 银灰 银灰 银灰	氦 氖 氩 氪	深绿 深绿 深绿 深绿	$p=20$，白色单环 $p\geqslant 30$，白色双环
乙烯	C_2H_4	棕	液化乙烯	淡黄	$p=15$，白色环一道 $p=20$，白色环二道
氯乙烯	C_2H_3Cl	银灰	液化氯乙烯	大红	
甲醚	$(CH_3)_2O$	银灰	液化甲醚	红	

注：色环栏内的 p 是气瓶的公称压力(MPa)。

4. 气瓶的充装

由于气瓶充装的危险性很大、技术性很强，我国国家质量监督检验检疫总局第 46 号令公布并于 2003 年 6 月 1 日开始施行的《气瓶安全监察规定》第二十三条、第三十二条中重申："气瓶充装单位应当向省级质监部门特种设备安全监察机构提出充装书面申请。经审查，确认符合条件者，由省级质监部门颁发《气瓶充装许可证》。未取得《气瓶充装许可证》的，不得从事气瓶充装工作。任何单位和个人不得改装气瓶或将报废气瓶翻新后使用。"所以，我们不要擅自给气瓶充装或配制气体，一定要到指定部门进行此类工作。

5. 气瓶的减压阀

实验室常用的永久性高压气瓶，都要经过减压阀使瓶内高压气体压力降至实验所需范围，再经过专用阀门细调后输入实验系统。氧气减压阀(或称氧气表)、氢气减压阀(或称氢气表)是最常用的两种。

(1) 氧气减压阀

氧气减压阀的高压腔与气瓶相连,低压腔为出气口,通往实验系统。高压表的示值为气瓶内气体的压力,低压表的压力可由调节开关控制。

使用时先打开气瓶的总开关,然后顺时针转动低压表调节开关将阀门缓慢打开,此时高压气体由高压室经截流减压后进入低压室。调节低压室的压力,直到合适为止。

减压阀都有安全阀,它的作用是由于各种原因使减压阀的气体超出一定许可值时,安全阀会自动打开放气。

氧气减压阀有多种规格,必须根据气瓶最高压力和使用压力范围正确选用。

使用时,减压阀和气瓶的连接处要完全吻合、旋紧,严禁接触油脂。使用完毕时,应先关好气瓶阀门,再把减压阀余气放掉,然后拧松调节开关。

(2) 其他气体减压阀

其他气体减压阀可分为两类:一类可以采用氧气减压阀,如氮气、空气、氩气等;另一类是腐蚀性气体和可燃性气体等必须使用的专门气体减压阀,如氨气、氢气、丙烷等。

注意:气体减压阀不能混用!为了防止误用,有些专用气体减压阀与气瓶之间采用特殊连接方法。例如,可燃性气体(氢气、丙烷等)减压阀采用左牙纹,或称反向螺纹,这是和氧气减压阀不同的,安装时要特别小心。

6.4.2 气瓶的安全使用

(1) 气瓶应直立固定。禁止曝晒,远离火源(一般规定距明火热源10 m以上)或其他高温热源。

(2) 禁止敲击、碰撞。

(3) 开阀时要慢慢开启,防止升压过速产生高温。放气时人应站在出气口的侧面。开阀后观察减压阀高压端压力表指针动作,待至适当压力后再缓缓开启减压阀,直到低压端压力表指针到需要压力时为止。

(4) 气瓶用毕关阀,应用手旋紧,不得用工具硬扳,以防损坏瓶阀。

(5) 气瓶必须专瓶使用,不得擅自改装,应保持气瓶漆色完整、清晰。

(6) 每种气瓶都要有专用的减压阀,氧气和可燃气体的减压阀不能互用。瓶阀或减压阀泄漏时不得继续使用。

(7) 瓶内气体不得用尽,一般应保持有196 kPa以上压力的余气,以备充气单位检验取样和防止其他气体倒灌。

(8) 瓶阀冻结时、液化气体气瓶在冬天或瓶内压力降低时,出气缓慢,可用温水或凉水处理瓶阀或瓶身,禁止用明火烘烤。

(9) 在高压气体进入反应装置前应有缓冲器,不得直接与反应器相接,以免冲料或倒灌。高压系统的所有管路必须完好不漏,连接牢固。

(10) 气瓶及其他附件禁止沾染油脂,如手或手套以及工具上沾染油脂时不得操作氧气瓶。

(11) 用可燃性气体(如氢气、乙炔)时一定要有防止回火的装置。有的气表(即缓冲器)中就有此装置。也可以用玻璃管中塞细铜丝网安装在导管中间防止回火。管路中加安全瓶(瓶中盛水等)也可起到保护作用。

(12) 检查气瓶有无漏气,主要方法是:

- 一般可用肥皂液检漏,如有气泡发生,则说明有漏气现象。但氧气瓶不能用肥皂液检漏,这是因为氧气容易与有机物质反应而发生危险。
- 用软管套在气瓶出气嘴上,另一端接气球,如气球膨胀,说明有漏气。
- 液氯气瓶,可用棉花蘸氨水接近气瓶出气嘴,如发生白烟,说明有漏气。
- 液氨气瓶,可用湿润的红色石蕊试纸接近气瓶出气嘴,如试纸由红变蓝,说明气瓶漏气。

(13) 一旦气瓶漏气,除非有丰富的维修经验能确保人身安全,否则不能擅自检修。可采取一些基本措施:首先应关紧阀门;然后打开窗户通风,并迅速请有经验或专业人员检修。如为危险性大的气体钢瓶漏气,则应转移到室外阴凉、安全地带;如发生易燃、易爆气瓶漏气,请注意附近不要有明火,不要开灯。

6.4.3 气瓶的存放和搬运

1. 气瓶的存放

(1) 气瓶最好存放在专用的房间。

(2) 如果必须要放在实验室内,最好要有配置自动报警系统、温度控制调节系统和自动排风系统的气瓶柜。

(3) 如果不能满足上述两个条件而一定要放在室内,就必须用铁链或钢瓶架固定好。

(4) 放气瓶的房间应满足几个要求:保持良好通风;室温不要超过35℃;室内不要用明火;电气开关等最好是防爆型的;不要有易燃、易爆和腐蚀性药品。

(5) 氧气瓶和可燃性气瓶不能同放一室。

2. 气瓶的搬运

(1) 气瓶搬运之前应戴好瓶帽,避免搬运过程中损坏瓶阀。

(2) 搬运时最好用专用小推车,又省力、又安全。如没有专用小推车,可以徒手滚动,即一手托住瓶帽,使瓶身倾斜,另一手推动瓶身沿地面旋转滚动。不准拖拽、随地平滚或用脚踢蹬。

(3) 搬运过程中必须轻拿轻放,严禁在举放时抛、扔、滑、摔。

6.5　真空技术基础知识

真空是指压力小于 101.3 kPa(1 标准大气压)的气态空间。真空状态下气体的稀薄程度常以压强值 Pa(帕)表示，习惯上称做真空度。不同的真空状态意味着该空间具有不同的分子密度，比如标准状态下，每立方厘米约有 2.687×10^{19} 个分子；若真空度为 10^{-13} Pa 时，则每立方厘米约有 30 个分子。

根据真空的应用、真空的特点、常用的真空泵以及真空测量计的使用范围等因素，国家标准《真空技术　术语》(GB/T 3163—2007)将真空度区域划分为如下四种：低真空、中真空、高真空和超高真空(表 6-2)。

表 6-2　真空度区域的划分

真空区域分类	压力范围/Pa
低真空	$10^5\sim10^2$
中真空	$10^2\sim10^{-1}$
高真空	$10^{-1}\sim10^{-5}$
超高真空	$<10^{-5}$

真空技术主要包括真空获得、真空测量、真空使用三个部分。

为了获得真空，就必须设法将气体分子从容器中抽出。凡是能从封闭容器中抽出气体，使气体压力降低并以维持、改善的装置，均可称为真空泵。由于实际操作时可能真空区域范围很宽，因此，任何一种类型的真空泵都不可能完全适用于所有的工作压力范围。只能根据不同的工作压力范围和不同的工作要求，使用不同类型的真空泵。为了使用方便和各种真空(特别是高真空和超高真空)工作过程的需要，有时将各种真空泵按其性能要求组合起来，以真空机组形式应用。一般情况下，低真空可用机械泵；中真空可用机械泵、增压泵；高真空可用扩散泵、分子泵；超高真空可用分子泵、离子泵等。化学实验室用得最多的是循环水泵、机械泵。

测量低于大气压的气体压强的工具称为真空计。真空计可以直接测量气体的压强，也可以通过与压强有关的物理量来间接测量压强。前者称为绝对真空计，后者称为相对真空计。真空计的种类繁多，有压缩式真空计、电阻式真空计、绝对压力变送器——绝对真空计等。

真空的应用越来越广泛。主要是由于真空是稀薄的气体状态，与大气相比它有一系列优点，例如气体稀薄，氧气少，环境清洁，没有水汽，气体分子密度小，各种气体运动无阻碍等等。利用真空环境，可以实现真空镀膜、真空输送、真空脱气、真空熔炼、抽除有害气体、空间模拟，以及化工、食品、医药、电机制造等工业的蒸馏、蒸发、干燥等工业生产过程。由于上述特点，在真空环境中进行某些工艺过程有着一些不可比拟的优点。当然，不同的真空状态,提供的应用环境是不同的。

一个比较完善的真空系统,一般由以下元件组合而成:(1) 抽气设备,例如各种真空泵;(2) 真空反应或工艺操作容器;(3) 真空测量装置,例如真空压力表、真空测量计;(4) 真空阀门或活塞;(5) 真空管道;(6) 其他元件,如真空检漏仪器、捕集器、除尘器、真空继电器、储气罐等。只是必须要根据实际工作需要的真空度选择适用的各种真空系统的元件。

真空系统的安全操作注意事项请参考6.3.3小节高压实验有关内容,再补充几点:

(1) 如使用玻璃真空系统,在开启或关闭活塞时,应当双手操作,一手握活塞套,一手缓缓地旋转内塞,防止玻璃系统各部分产生力矩,甚至折裂。不要使大气猛烈冲入系统,也不要使系统中压力不平衡的部分突然接通。

(2) 玻璃容器要选择厚度合适的球体形状,不要用平底形状的;要加保护网罩。

(3) 要防止冷却过程中各种气体的凝聚。

(4) 玻璃系统要固定牢靠,防止震动、碰撞。

(5) 如需加热玻璃真空系统,一定要等到内部压力平衡稳定后再进行。

思考题

1. 请至少说出三种压力容器的分类方法。
2. 压力容器的具体设计中,要满足哪些基本要求?
3. 使用压力容器进行高压实验要注意哪几个方面?
4. 永久气体气瓶和液化气体气瓶在构造上有哪些不同?
5. 气瓶颜色标记的意义何在?
6. 各类气瓶的使用注意事项有哪些?
7. 真空区域具体划分为几个等级?
8. 真空技术包括哪几个方面?

主要参考资料

[1] 石智豪,陈显才.压力容器安全操作技术.北京:中国锅炉压力容器安全杂志社,1989.
[2] 李建华,冯素霞.压力容器检验.修订本.北京:中国劳动出版社,1993.
[3] 冯素霞,等.压力容器管理与操作.北京:中国锅炉压力容器安全杂志社,1998.
[4] 潘玉树,姜德春,王俊.气体充装安全技术.沈阳:沈阳出版社,1999.
[5] 吴粤燊,周婉珍,等.压力容器安全.修订版.北京:中国劳动出版社,2002.
[6] 崔政斌,王明明.压力容器安全技术.第二版.北京:化学工业出版社,2009.
[7] 周忠元,田维金,邹德敏.化工安全技术.北京:化学工业出版社,1993.

第7章　辐射安全与防护

7.1　辐射的分类

辐射是指能量以波或粒子的形式从其源发散到空间，包括热、声、光、电磁等辐射形式。自然界本身就存在各种辐射源，在我们的生活、学习和工作的环境中到处都存在着辐射。也可以说人类的生存离不开辐射，它给我们带来了美好生活的同时，如果使用不当，也会对我们造成伤害。

根据辐射的传播形式分类，辐射可分为粒子辐射和电磁辐射。粒子辐射带有一定质量，如α粒子、β粒子、质子、中子辐射等。电磁辐射是以电磁波的形式在空间向四周传播，具有波的一般特征，一般不带质量。其波谱很宽，如无线电波、微波、红外线、可见光、紫外线、X射线、γ射线等（图7-1）。

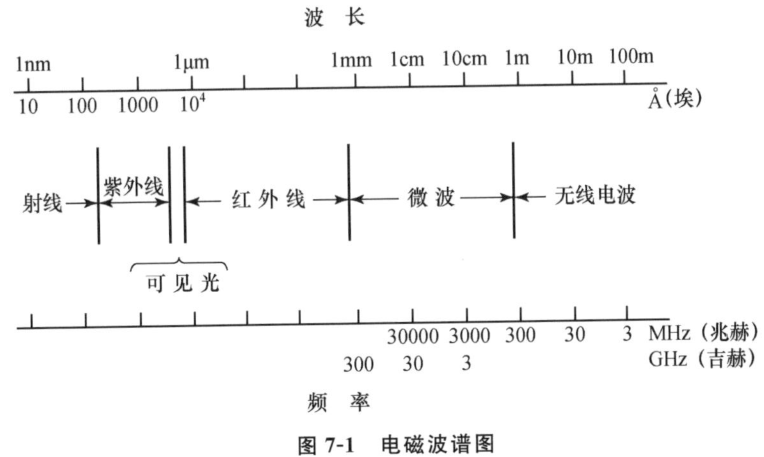

图7-1　电磁波谱图

根据辐射能否使物质发生电离分类，辐射可分为电离辐射和非电离辐射（图7-2）。

电离辐射是一切能引起物质电离的辐射总称，其种类很多，包括高速带电粒子（α粒子、β粒子、质子等）、中性粒子中子和电磁波（X射线、γ射线等）。环境中的电离辐射通常来自太空的宇宙射线和地壳中的少量放射性物质（或称为放射性同位素、放射性核素）；在实验室、医院和工厂中，人们也在利用电离辐射从事科研、治疗和生产，例如物理、化学和生物等科研领域，除了使用各种放射性核素外，还有很多现代分析仪器利用电离辐射为探针进行物化性质的测试分析，很多仪器装备有X射线发生器、电子及离子源等，它们已是现代科学研究中必不可少的手段。对电离辐射的生物效应的研究也有百余年的历史，医学上对其防护、诊治积累了很多经验。要充分利用该技术手段，需要了解电离辐射知识。掌握必备的辐射安全防护方法，就可以最大限度地避免对自身的辐射伤害。

非电离辐射是指电磁辐射中由波长等于或大于紫外线、其光能量又不足以使分子离解的辐射线所形成的辐射。另外，空气和水里的超声也被认为是一种非电离辐射形式。严格来讲，所有电器（包括家用电器）都会产生电磁辐射，但真正会造成环境污染、影响人类健康的是一些大功率的通信设备，如雷达、电视和广播等发射装置，工业用微波加热器（家用微波炉也可能有电磁辐射泄漏），射频感应和介质加热设备，高压输变电装置，电磁医疗和诊断设备，等等。由于辐射的本质不同，因此它作用于人体的机理也不同于电离辐射。人们对非电离辐射生物效应的研究也有几十年历史了。

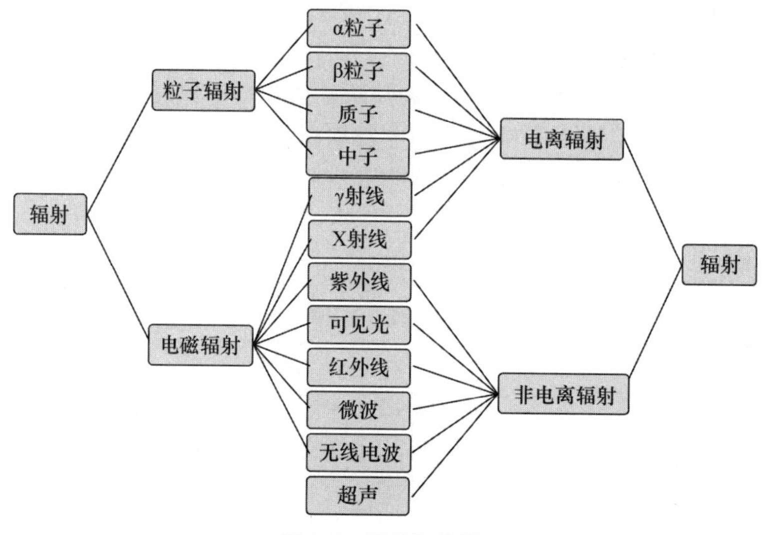

图 7-2 辐射的分类

电离辐射的剂量单位比较明确，为Gy(gray，戈瑞)；非电离辐射目前的应用单位则为$V\cdot m^{-1}$、$W\cdot m^{-2}$。因此，本章将对电离辐射和非电离辐射的安全与防护分别加以介绍，内容包括辐射基础知识、防护原则与实践及实验室安全操作知识等方面。

7.2 电离辐射的种类和基础

7.2.1 电离辐射的种类

能产生或发射高能粒子的物质或装置称为辐射源或辐射装置。常见的高能粒子或射线包括：α 射线(氦原子核)、β 射线(电子)、γ 射线和 X 射线等，其他还有质子(p)、中子(n)及重离子等，它们的能量通常在几十千电子伏特(keV)至几兆电子伏特(MeV)。由于物质(原子)的电离、激发能(eV 级)相对辐射粒子的能量(0.1～10 MeV)是很小的，辐射粒子与被照物质(靶物质)接触后，会发生化学反应，甚至核反应。虽然不同能量、不同种类的辐射与物质相互作用的机理不尽相同，但辐射粒子往往会在其射程中产生大量的离子对和激发态的原子、分子，这种辐射就称为电离辐射。

7.2.2 放射性物质及来源

具有相同的质子数 Z 的一类原子称为元素或同位素，而质子数 Z 和中子数 N 相同的一类原子称为核素。元素周期表中天然存在的绝大部分元素都是稳定核素，它们的原子核处于低能级状态；但如果原子核不稳定，就会自发地产生变化，往往会发射某种粒子或电磁波，自身形成一种新的、更稳定的原子核，这个过程称为核衰变。核衰变释放出的粒子和电磁辐射有 α 粒子、β 粒子、中子、γ 射线和 X 射线等，物质的这种现象被称为放射性，具有这种性质的核素称为放射性核素，含有放射性核素的物质是放射性物质。原子核发射出粒子后转变为另一种原子核的过程称为放射性衰变。放射性衰变是原子核固有的性质，其衰变性质(包括辐射粒子种类、粒子能量和半衰期等)不会随环境(温度、压力及化学环境)改变而变化，其半衰期表示该放射性核素衰变的快慢，即该核素数目减少到原来的一半所需的时间，常用秒(s)、分钟(min)、小时(h)、天(d)和年(a,y)作单位。

放射性核素按来源可分为天然放射性核素和人工放射性核素。天然放射性核素是自然界固有的和不断产生的放射性核素，人工放射性核素是科学实践中人工核反应的产物。截止到 2006 年，在人类发现和制造的共 118 种元素中，81 种元素($Z=1\sim83$，43 号 Tc 和 61 号 Pm 除外)在自然界中有稳定同位素，10 种元素($Z=84\sim92$ 及 $Z=94$)是天然放射性元素，另外 27 种元素($Z=43$、61、93、95～118)属于人工合成的放射性元素。在已经发现的 2990 余种核素中，稳定核素、半衰期(half-life, $T_{1/2}$)大于 1×10^{11} a 的核素(31 种)和半衰期在 $7.1\times10^{8}\sim4.8\times10^{10}$ a 之间的核素(7 种)共有 285 种，其余 2710 多种放射性核素都是人工核反应的产物。自然界中还不断产生一些放射性核素，如 ^{3}H、^{7}Be、^{10}Be 和 ^{14}C 等。

1. 天然放射性核素

自然界存在三个天然放射系(图 7-3)：钍系($A=4n$)、铀系($A=4n+2$)和锕系($A=4n+3$)。它们大量存在于钍矿石和铀矿石中，其中 ^{232}Th 的半衰期最长($T_{1/2}=1.405\times10^{10}$ a)。钍系自 ^{232}Th 开始共进行 6 次 α 衰变和 4 次 β 衰变转变为稳定的 ^{208}Pb，其中半衰期较长的放射性核素有 ^{228}Ra($T_{1/2}=5.75$a)和 ^{228}Th($T_{1/2}=1.91$a)；铀系(铀-镭系)自 ^{238}U 开始共进行 8 次 α 衰变和 6 次 β 衰变转变为稳定的 ^{206}Pb，其中包括重要的放射性核素 ^{226}Ra($T_{1/2}=1600$a)；锕系自 ^{235}U 开始共进行 7 次 α 衰变和 4 次 β 衰变转变为稳定的 ^{207}Pb，其中包括重要的放射性核素 ^{227}Ac($T_{1/2}=21.77$a)。另外一个可能存在的天然放射系是镎系($A=4n+1$),由于^{237}Np($T_{1/2}=2.14\times10^6$ a)的半衰期远小于地球的年龄(5×10^9 a),所以可能早已消失了。

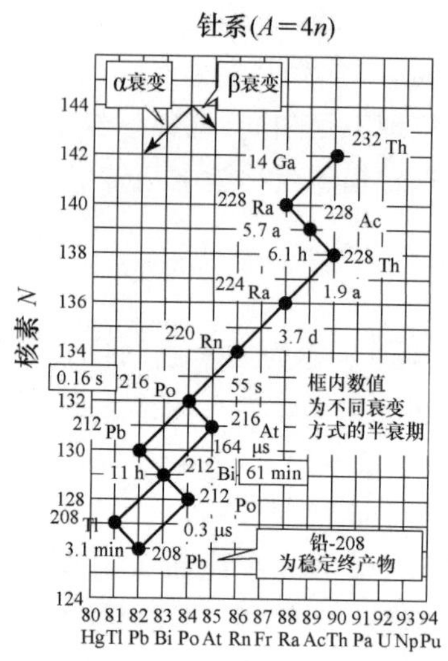

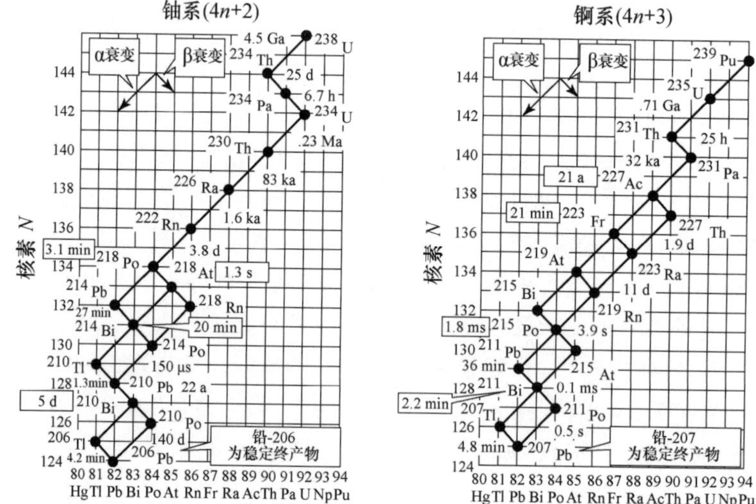

图 7-3 天然放射系衰变纲图

2. 人工放射性核素

至今,人们已经合成了核素图中近2700多种放射性同位素,应用于工业、医疗、国防及科研等领域。通常用核反应堆或加速器中的核反应来生产各种放射性核素。例如,把稳定核素^{59}Co放入核反应堆中,被堆中链式反应产生的热中子轰击而发生(n,γ)核反应,产生放射性核素^{60}Co,它会发生β衰变,发射β射线和γ射线。

7.2.3　放射性的计量单位

放射性核素的强度用活度(A)表示,活度的单位有专用单位和国际单位(SI)两种表示方法。活度的专用单位为居里(Curie,Ci),历史上最早把 1.0 g 放射性物质 ^{226}Ra(不包括它的衰变子体)的活度定为 1 居里(Ci),实验室常用毫居里(mCi, 0.001Ci)或微居里(μCi, 0.000001Ci)级的放射源;活度的国际单位(SI)是秒$^{-1}$(s^{-1}),SI 专用名称是贝克勒尔(Becquerel),简称贝克(Bq),1 Bq 等于每秒一次衰变(disintegrations per second, dps)。居里与贝克的换算关系是

$$1\ \text{Ci} = 3.70\times10^{10}\ \text{衰变/秒} = 3.70\times10^{10}\ \text{Bq}$$

测量放射源活度常用的辐射测量仪器主要有液体闪烁计数器(测量低能 β 源,如 ^{3}H、^{14}C 等)、固体闪烁计数器(测量 γ 和 X 射线源)和盖革计数器(测量 α,β 源)等。这些仪器测量结果表示为计数率(I),单位是每分钟计数(counts per minute, cpm)或每秒钟计数(counts per second, cps),计数率(I)正比于放射性活度(A)。通常进行探测效率校正后可得到放射源的活度,仪器的探测效率可用已知活度的标准放射源或参考源(如 ^{14}C、^{60}Co、^{137}Cs 和 ^{152}Eu 源等)来标定。

7.2.4　电离辐射的计量单位

在自然界和有放射性物质或电离辐射发生装置的生活和工作环境中,各种生物都受到各种电离辐射的影响,需要定量表示某种物质吸收的某放射源的辐射量。电离辐射强度可以用照射量(X)或吸收剂量(D)表示,其单位有专用单位和国际单位(及专用名称)两套表示方法。

照射量(X):用 γ 或 X 射线在空气中产生的离子对数量来表示射线的强度。其专用单位是伦琴(Roentgen, R),SI 单位是库仑 · 千克$^{-1}$($C\cdot kg^{-1}$),没有 SI 专用名称。用电离室探测器可以测量照射量。

$$1\ \text{R} = 2.58\times10^{-4}\ \text{C}\cdot\text{kg}^{-1}$$

吸收剂量(D):表示单位质量物质吸收电离辐射的能量。其专用单位是拉德(rad),SI 单位是焦耳 · 千克$^{-1}$($J\cdot kg^{-1}$),SI 专用名称为戈瑞(Gy)。实际工作中可用毫戈瑞(mGy)或微戈瑞(μGy)为单位。若无特别说明,通常情况下所说的"剂量"都是指"吸收剂量"。

$$1\ \text{Gy} = 1\ \text{J}\cdot\text{kg}^{-1} = 100\ \text{rad}$$

吸收剂量率($\dot{D}$):表示单位时间间隔内吸收剂量(D)的增量。其专用单位是拉德 · 秒$^{-1}$($rad\cdot s^{-1}$),SI 单位是焦耳 · 千克$^{-1}$ · 秒$^{-1}$($J\cdot kg^{-1}\cdot s^{-1}$),SI 专用名称是戈瑞 · 秒$^{-1}$($Gy\cdot s^{-1}$)或毫戈瑞 · 秒$^{-1}$($mGy\cdot s^{-1}$)等。

组织(或器官)平均吸收剂量(D_T)：是指单位质量的组织或器官(T)接收电离辐射的总能量,其单位与吸收剂量(D)相同。与之相应,有组织(或器官)平均吸收剂量率($\dot{D}_T$)。

辐射权重因子(W)：是根据放射生物学的资料和外部辐射场的类型或体内沉积的放射性核素的辐射类型来确定的(表 7-1)。有时它也称做相对生物效应(relative biological effectiveness，简写为 *RBE*)或品质因数(quality factor,简写为 Q 或 QF)。

表 7-1　辐射权重因子

辐射类型	能量范围	辐射权重因子(W)
光子(γ/X 射线)	所有能量	1
电子(β^- 和 β^+)及介子	所有能量	1
中子(n)	能量<10 keV	5
	10～100 keV	10
	100 keV～2 MeV	20
	2～20 MeV	10
	>20 MeV	5
质子(反冲质子除外)	能量>2 MeV	5
α 粒子、裂变碎片重核		20

引自：《电离辐射防护与辐射源安全基本标准》国家标准(GB 18871—2002)。

当量剂量(H)：是辐射在组织或器官中产生的吸收剂量(D)与该辐射权重因子(W)的乘积,即

$$H = W \times D$$

为与吸收剂量(D)相区别,当量剂量(H)的专用单位是雷姆(radiation equivalent man，rem),SI 单位为焦耳・千克$^{-1}$(J・kg^{-1}),SI 专用名称是希沃特(Sievert，Sv)。实际工作中可用毫希沃特(mSv)或微希沃特(μSv)为单位,以及毫雷姆(mrem)等单位。

$$1\,\text{Sv} = 1\,\text{J}\cdot\text{kg}^{-1} = 100\,\text{rem}$$

当量剂量率($\dot{H}$)：是单位时间内辐射在组织或器官中产生的当量剂量(H)。其专用单位是雷姆・秒$^{-1}$(rem・s^{-1}),SI 单位为焦耳・千克$^{-1}$・秒$^{-1}$(J・kg^{-1}・s^{-1}),SI 专用名称是希沃特・秒$^{-1}$(Sv・s^{-1})或毫希沃特・秒$^{-1}$(mSv・s^{-1})等。

如果辐射场是一个混合辐射场,如中子和 γ 辐射场,内照时的 α、β、γ 混合辐射场,这时的当量剂量为各辐射(R)在器官或组织(T)中的当量剂量之和,即

$$H_{T\cdot R} = \sum_R W_R \times D_{T\cdot R}$$

有效当量剂量(E)：是人体各组织(T)加权后的当量剂量之和。

$$E = \sum_T W_T \cdot H_T$$

式中 W_T 是组织权重因子，它表示组织 T 的辐射随机效应的危险程度与全身受到均匀照射时的总危险度的比值(表 7-2)。

表 7-2 国际辐射防护委员会(ICRP)第 60 号出版物推荐的致癌危险度及 W_T

组织(T)	致癌危险度 /($10^{-4}Sv^{-1}$)	组织权重因子 (W_T)	组织(T)	致癌危险度 /($10^{-4}Sv^{-1}$)	组织权重因子 (W_T)
性腺	100	0.20*	肝	15	0.05
卵巢	10		食道	30	0.05
红骨髓	50	0.12	甲状腺	8	0.05
结肠	85	0.12	皮肤	2	0.01
肺	85	0.12	骨表面	5	0.01
胃	110	0.12	其余组织	50	0.05
膀胱	30	0.05			
乳腺	20	0.05	**总计**	**600**	**1.00**

* 包括卵巢癌，总计为 0.20。

常用辐射单位及换算关系总结于表 7-3 中。

表 7-3 常用辐射单位及换算关系

名称(符号)	单位(符号)			换算关系	简要描述
	专用单位	SI 单位	SI 专用名称		
活度(A)	居里(Ci)	s^{-1}	贝克(Bq)	$1Ci=3.7\times10^{10}Bq$	1Bq=1 衰变/秒
照射量(X)	伦琴(R)	$C\cdot kg^{-1}$	—	$1R=2.58\times10^{-4}C\cdot kg^{-1}$	
照射率($\dot{X}$)	$R\cdot s^{-1}$	$C\cdot kg^{-1}\cdot s^{-1}$	—		
吸收剂量(D)	拉德(rad)	$J\cdot kg^{-1}$	戈瑞(Gy)	$1Gy=1J\cdot kg^{-1}=100rad$	
吸收剂量率($\dot{D}$)	$rad\cdot s^{-1}$	$J\cdot kg^{-1}\cdot s^{-1}$	$Gy\cdot s^{-1}$		
当量剂量(H)	雷姆(rem)	$J\cdot kg^{-1}$	希沃特(Sv)	$1Sv=1J\cdot kg^{-1}=100rem$	D×W×其他校正因子
当量剂量率($\dot{H}$)	$rem\cdot s^{-1}$	$J\cdot kg^{-1}\cdot s^{-1}$	$Sv\cdot s^{-1}$		
权重因子(W)					与辐射类型有关的生物效应

7.2.5 电离辐射的测量

不同种类电离辐射有不同特点，其中有带电粒子(α，p，β)和不带电粒子(n)，有重粒子(α，p，n)和轻一些的粒子(β)，还有各种高能电磁波(X，γ 射线)。它们与物质相互作用后，使被照物质发生激发、电离、发光和发热等物理现象，也会发生化学反应。射线与物质相互作用的现象就是辐射测量的基础和手段(表 7-4)，其中常用的辐射测量仪器有气体探测器、闪烁探测器和半导体探测器。

表 7-4 射线测量仪器种类

名称	基本原理
气体探测器、半导体探测器	电离
闪烁探测器、热释光探测器、玻璃探测器、契仑科夫辐射探测器	荧光、热释光、契仑科夫辐射
径迹探测器、核乳胶、化学剂量计	化学变化
中子探测	核反应、弹性碰撞
验电器、法拉第杯	带电粒子
量热计	热效应

一台辐射测量仪器通常由探头和电子线路两部分组成(图 7-4)。其中电子线路又主要有电源(低压和高压电源)、信号放大器(前置放大和主放大器)、信号甄别器、定时器和定标器(或计数器),有些小型、便携和简单的辐射测量仪是这些电子线路的集成。探头部分根据使用的材料及测量原理的不同主要有三种,分别是气体电离室探头、闪烁探头和半导体探头。

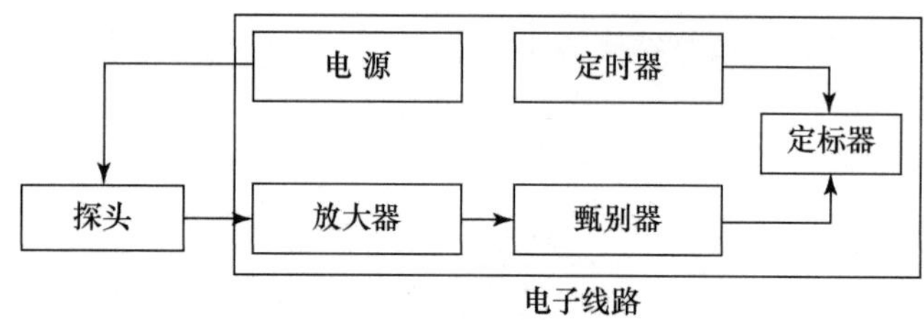

图 7-4 辐射探测器的组成

1. 气体电离室探测器

气体电离室探测器是出现较早的辐射探测器。其原理为:利用射线使气体电离,在电场作用下,电离产生的正负离子向负正两极移动,从而产生电流或脉冲电压(图 7-5)。

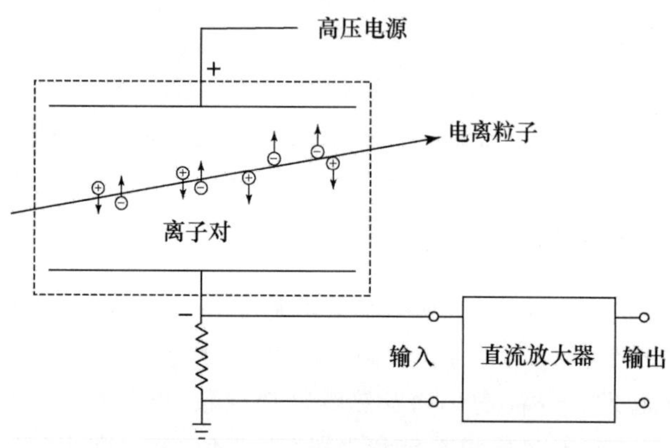

图 7-5 电离室探测器原理示意图

这种脉冲电压的强度与电离辐射种类和电离室电场的强弱有关。重带电粒子(如α粒子)电离能力很强,产生出比 β 粒子高 10^4 倍的离子对,因此,α 粒子脉冲高度也高于 β 粒子辐射。而对 γ 射线的探测效率很低(<1%)。

最常见的盖革计数器探头(简称 G-M 管)工作电压较高,它的气体放大作用产生的大量电子和正离子的脉冲信号很大(可达几伏),可不用放大器直接计数测量。但它无法进行射线能量分辨,例如 α 和 β 射线往往具有相同脉冲高度。

G-M 管探测器(图 7-6)主要用来测量 β 放射性核素(如 ^{14}C、^{35}S、^{33}P、^{32}P、^{45}Ca 和 ^{36}Cl 等);使用特殊窗口材料制成的 G-M 管可以检测 α 和低能 β 射线(云母窗 1.5～3.0 mg·cm^{-2}),也可以测量 X 射线和低能 γ 射线(如 ^{125}I、^{51}Cr、^{111}In 和 ^{60}Co 等)。但测量 β 射线时会有 β 射线产生的韧致辐射(Bremsstrahlung radiation)干扰存在,一些核素(如 ^{3}H 和 ^{63}Ni)发射的低能 β 射线不能穿透它的入射窗而无法被测到。总之,G-M 管探测器结构简单、价格便宜、测量便捷、数据可靠,是广泛使用的辐射探测器之一。

图 7-6　一种便携式盖革计数器

2. 闪烁探测器

闪烁探头根据所用的闪烁材料不同大致分为液体和固体闪烁探头两大类,固体闪烁体又分为无机和有机闪烁体两种。无机固体闪烁体的发光原理是由于辐射使无机晶体内电子被激发,由价带跃迁至导带,并在晶体内少量激活剂的参与下退激发光。有机固体闪烁体和液体闪烁体原理相似:大量存在的溶剂吸收辐射能,并迅速将能量传递给闪烁体分子,处于激发态的闪烁体分子退激发出荧光或磷光。闪烁体发出的微弱可见光经耦合(减少光反射)进入光电倍增管的接收窗,光电倍增管的作用是把光信号转变为电信号并进行放大(约 10^5～10^7 倍),放大后的脉冲信号再由电子仪器分析记录。

液体闪烁探测器(图 7-7)需要将待测物质溶解、乳浊或悬浮于专门配置的闪烁液中进行测量,制样和闪烁液的选择是测量的关键。固体闪烁探测器常用的无机固体闪烁体是 NaI 晶体,其中掺杂少量的 Tl 作为激活剂。NaI(Tl)晶体通常加工成圆柱状或井形

(图 7-8),由于 NaI 易潮解,需要紧密封装。它对 γ 射线和 X 射线的本征探测效率可达 15%~30%,远远高于气体探测器,井形 NaI 晶体探头(gamma well counter)可进行近似 4π 测量,以提高探测效率。固体闪烁探测器能量分辨率不高,好的 NaI(Tl)闪烁探测器对^{137}Cs 的 0.662 MeV 的 γ 射线的能量分辨率可达 8%左右,用闪烁探测器可以测量 γ 射线能谱。使用 ZnS 晶体(表面多晶涂层)近距离测量 α 射线的探测效率可高达 40%,而对 β 和 γ 射线探测效率很低。有机晶体是含有蒽或醌的透明片,主要用来测量 β 射线。

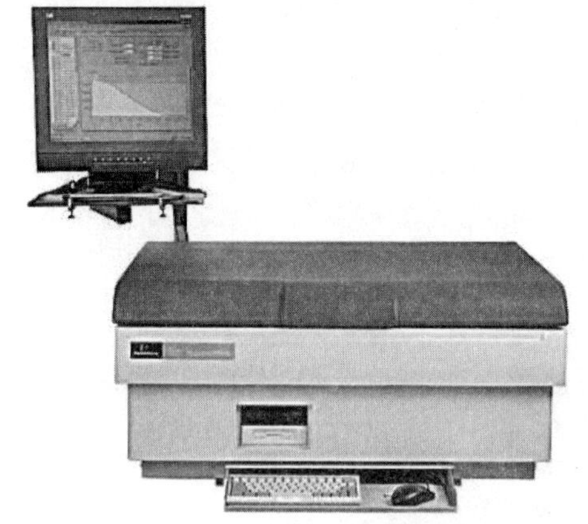

图 7-7 一种液体闪烁计数器

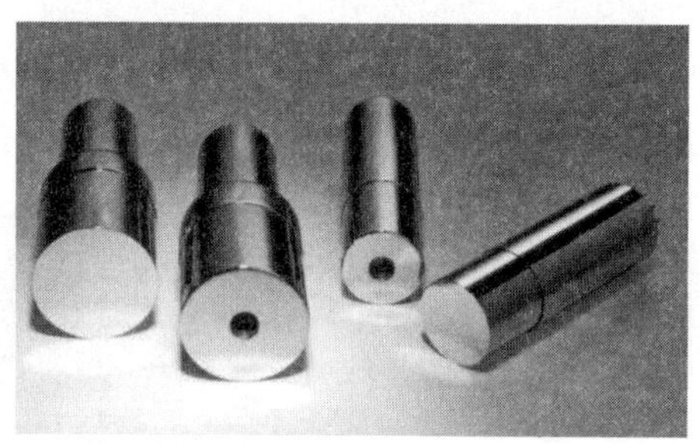

图 7-8 不同规格的 NaI(Tl)探头

3. 半导体探测器

半导体探测器的最大特点是能量分辨率高(^{60}Co 的 1.33 MeV γ 射线的能量分辨率约为 0.1%)、线性范围宽,非常适合能谱测量(图 7-9)。半导体探测器的工作原理与气体

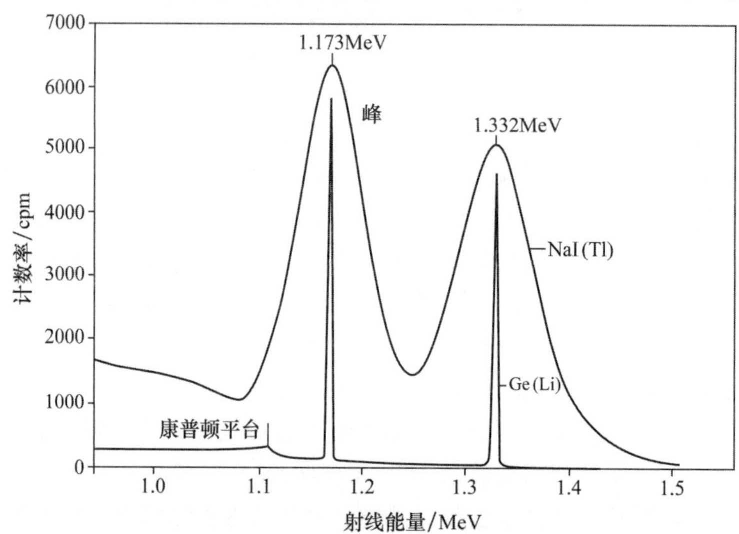

图 7-9 半导体 Ge(Li)探测器与 NaI(Tl)闪烁探测器的^{60}Co γ 能谱比较

电离室探测器相似，只是能量吸收介质不是气体，而是半导体材料，应用最多的半导体材料是硅(Si)和锗(Ge)。通常半导体探头主要有三种类型：高纯锗(HPGe)型、P-N 结型和 PIN 型(图 7-10)。为了减少探头中影响测量的漏电流，高纯度半导体要求每 10^{12} 个 Ge 原子中有一个杂原子。

图 7-10　不同规格的高纯锗探头

高水平辐射场所的剂量监测通常使用电离室测量。其他复杂的辐射检测设备还有定性定量分析的 γ 射线能谱仪(多道分析器)、中子探测器、α 探测器、宽阵列电子剂量计、区域监测器和出入口检测器等。

7.3　电离辐射的生物效应及危害

接触电离辐射源的工作人员存在内辐照和外辐照两种基本形式。

7.3.1　外辐照

外辐照是指辐射源从体外照射人体，并在体内发生电离作用。γ 射线、X 射线、中子、α 粒子和 β 粒子等都会产生外部辐射，照射量的大小与射线的种类和能量有关。

大多数 β 粒子不能穿透皮肤或进入皮下深处，但它足以对皮肤或眼睛造成伤害。高能的 β 粒子(如 ^{32}P 发出的 β 粒子)可以穿透几毫米的表皮层，所以必须对外部辐射加以屏蔽阻挡来减少照射量。例如，最大厚度为 13 mm 左右的有机玻璃就可有效屏蔽大多数 β 粒子(图 7-11)。

与 β 粒子相比，α 粒子具有质量大、速度低和电荷高的特点。多数 α 粒子在空气中的行程(射程)只有几个厘米，很少能穿透皮肤最表面的角质层。所以，α 粒子通常不被视为外部辐射危害品。

γ射线、X射线和中子都具有很强的穿透能力，是需要人们重点考虑和认真屏蔽的辐射源。

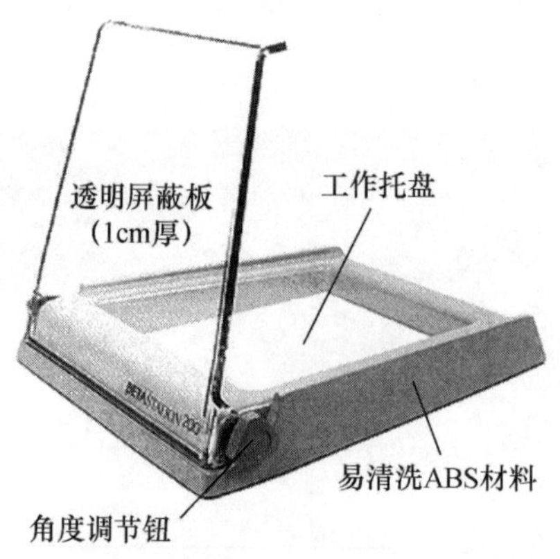

图 7-11 有机玻璃材质的粒子屏蔽板

7.3.2 内辐照

内辐照是指放射性核素进入体内所引起的照射。造成体内放射性物质沉积的途径包括：呼吸(如吸入被放射性物质污染的空气而在肺和体内沉积)、消化(如饮用、食用被放射性物质污染的水和食物而进入体内)和皮肤接触(如放射性物质溅洒、喷雾在皮肤表面而被吸收，或由于皮肤破损或发生事故情况下放射性物质从伤口进入体内)。用放射性沾污的手拿食物或揉眼睛也会使放射性物质进入体内。

体内的放射性物质的各种辐射都会产生照射剂量，其中α粒子的电离能力高，体内又没有角质层来屏蔽它，它所处的脏器和组织容易受到严重伤害。一次大量放射性物质摄入会造成"急性"内照射，而长期体内积累的放射性物质会造成"慢性"内照射。

7.3.3 电离辐射的生物效应

辐射的生物效应是辐射防护的生物学基础。不同种类和能量的电离辐射对不同的生物组织器官的照射，诱发的某种生物效应的发生率以及诱发的某种生物效应的最小辐射剂量都是不同的。例如电离辐射所诱发的癌或遗传变异的概率，不仅与受照吸收剂量大小有关，而且与辐射种类有关。生物体细胞内最重要的电离损伤是脱氧核糖核酸(DNA)被破坏。如果受损的DNA没有得到及时修复或错误修复，将会引发不良生物效应。严重的DNA损伤会使细胞死亡，大量细胞死亡将导致组织器官功能障碍，甚至个体死亡；受损的DNA还会引发白血病和肉瘤。电离辐射产生的生物效应分为随机性效应和确定性效应两类。

1. 随机性效应

是指健康受损是随机产生的，其发生的概率与辐射剂量有关，不存在剂量阈值的生物效应。电离辐射在任何物质中的能量沉积都是随机的，因此，任何小的剂量照射于机体组织或器官，都有可能在某一单个体细胞中沉积足够的能量，使细胞中 DNA 受损而导致细胞的变异。这种细胞变异的辐射能量沉积事件是随机的。辐射所致的癌和遗传疾患属于随机性效应。

2. 确定性效应

是指健康受损的严重程度与辐射剂量有关，并存在剂量阈值的生物效应。受照的组织或器官中有足够多的细胞被杀死或不能繁殖和发挥正常的功能，而这些细胞又不能由活细胞的增殖来补充，就会发生确定性效应。例如，皮肤红肿、眼晶体浑浊（白内障）和智力迟钝等就是确定性效应。对于辐射防护，需要对任何剂量阈值保留一个谨慎的安全余度，并在此基础上制定一个剂量限值，而动物和人类身体的不同部位的阈值是不相同的。

有研究表明，小剂量照射还可能对人体的抗辐射能力有积极作用，称为“细胞和机体对辐射的适应性反应”。不同的受照组织具有不同的辐照敏感性。受照敏感的组织有：乳腺、骨髓、小肠黏膜、皮脂腺、免疫响应细胞、干细胞和淋巴细胞等；耐辐射的组织有：心肌组织、大动脉、大静脉、成熟的血细胞、神经细胞和肌细胞等。表 7-5 列出不同形式的大剂量辐射产生的生物确定性效应。

表 7-5　人体确定性效应

照射量	生物效应
10000 R；全身一次性照射	受照几小时后死亡：明显的神经和心血管衰竭（脑血管综合征）
500～1200 R；全身一次性照射	受照几天后死亡：带血腹泻，小肠黏膜受损（胃肠综合征）
250～500 R；全身一次性照射	受照几星期后死亡（50%死亡率）：骨髓受损（造血综合征）
50～250 R；全身一次性照射	程度不同的恶心、呕吐、腹泻、皮肤红斑、脱发、水疱和免疫力降低等
100 R；全身一次性照射	中度辐射病，白细胞计数减少
25 R；全身一次性照射	血液中淋巴细胞计数减少
10 R；全身一次性照射	外周血液中的异常染色体数目增加；无其他可察觉损伤症状
400～500 R；低能 X 射线局部照射	临时性脱发
600～900 R；眼睛部位	白内障
500～600 R；200 keV 皮肤表面一次照射	红斑产生的阈值：7～10 天后出现，随后逐步退色
1500～2000 R；200 keV 皮肤表面一次照射	红斑、水疱，并造成光滑、柔软凹状疤

受照生物组织的损伤主要是由电离作用产生的。组成生物体的基本单元是细胞，而

细胞是由胞物质(亚细胞器、生物大分子等)和细胞介质组成。辐射损伤的靶理论认为,细胞核中载有遗传信息的DNA是辐射作用最主要的靶。射线与DNA等生物大分子作用可分为直接作用和间接作用两种机制(图7-12):(1)直接作用(direct action),入射粒子与细胞中的生物大分子(DNA、RNA、蛋白和酶等)直接作用,使这些大分子结构受损、功能异常,进而引发生物效应;(2)间接作用(indirect action),射线与细胞介质(80%以上是水)相互作用,其中水分子被电离,产生大量自由基(如H·和OH·等),这些化学活性很高的自由基会危及周围的生物大分子,结果使生物大分子产生化学变化。在细胞中,间接作用为主要原因。

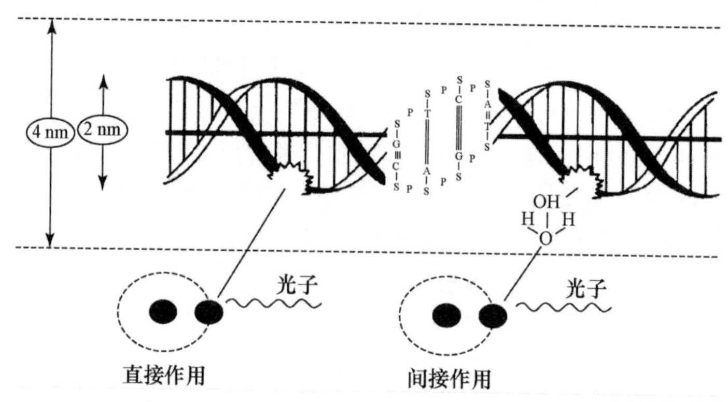

图7-12 辐射对DNA的直接和间接作用

7.4 电离辐射的防护准则

7.4.1 电离辐射防护标准

辐射防护标准是进行辐射防护的基本依据。辐射防护的主要目的是为人们提供一个适宜的防护标准,而不致过分地限制有益的辐照。因此,辐射防护标准的制定是为了保护工作人员、广大居民和他们的后代,免受或少受电离辐射的危害,并促进原子能有关事业的发展。

国际辐射防护委员会(ICRP)提出的成年职业性人员和公众的辐射剂量限值列于表7-6。

表 7-6　ICRP 第 60 号出版物建议的辐射剂量限值[a]

应　用	辐射剂量限值	
	成年职业者	成年公众
连续 5 年的有效剂量[b]	20 mSv · a^{-1}	1 mSv · a^{-1}[c]
连续 5 年的当量剂量		
眼晶体	150 mSv (15000 mrem)	15 mSv (1500 mrem)
皮肤[d]	500 mSv (50000 mrem)	50 mSv (5000 mrem)
手足	500 mSv (50000 mrem)	

a. 限值用于规定期间有关的外照射及该期间摄入量的 50 年(对儿童算到 70 岁)的待积剂量之和。

b. 另有在任一年内有效剂量不得超过 50 mSv 的附加条件。对孕妇职业性照射也作了限制：只要该妇女已经怀孕或可能怀孕，为了保护未出生儿童，在孕期余下的时间内应施加补充的当量剂量的限值，对腹部表面(下躯干)不超过 2 mSv，并限制放射性核素的摄入量为大约 1/20 ALI。

c. 在特殊情况下，假如 5 年内平均不超过 1 mSv · a^{-1}，在单独一年内有效剂量可允许大一些。

d. 对有效剂量的限制足以防止皮肤的随机性效应。对于局部照射，为了防止随机性效应的发生，不管受照面积多大，对任何 1 cm^2 面积上平均为 500 mSv，标准深度为 7 mg · cm^{-2}。

未成年人(≤18 岁)使用放射性物质，其最大剂量限值应为成年职业者的 1/10，且也要进行放射性操作培训，并严格管理；妇女怀孕期间胎儿(特别是四个月前的胎儿)很容易受到辐射的伤害，所以孕期妇女应听从专家指导，剂量限值不得高于0.5 mSv · $month^{-1}$，以避免辐照伤害胎儿。

公众应包括那些在实验室工作，但不从事与辐射相关的工作，也没有经过放射性操作培训的人员，以及到实验室参观的人员。他们的最大辐射剂量限值是 0.02 mSv · h^{-1} 或 1 mSv · a^{-1}。

各类人员(包括职业性放射工作人员和公众)所受的照射，只要按照表 7-6 的剂量限值控制作为剂量的约束值，就足以防止有害的确定性效应的发生，并限制随机性效应的发生率在可以接受的水平。此可接受的水平是与最安全的行业相比而言。表 7-6 的剂量限值并不应认为是一个目标，它仅代表经常、持续、有意识的职业性照射，可以合理地视为刚好达到可忍受的程度。另外，必须通过辐射防护的最优化原则，使剂量达到尽可能低的水平。

7.4.2　电离辐射防护原则

剂量限值只是 ICRP 防护体系的重要部分，但不应忽视那些低于最大剂量限值的照射，要尽量避免不必要的照射。为了达到辐射防护的目的，要遵守辐射防护的基本原则，即辐射防护最优化原则：使用放射性物质或接受的照射量，应处于可以达到的，而且是合理的尽可能低的水平。最优化原则又称为 ALARA(As Low As Reasonably Achievable)

原则。在放射实践活动中，首先要权衡实践带来的利益与相关人员付出的健康损害的代价、环境破坏的代价之间的利弊，选择合适、合理的防护方法，用最小的代价获取最大的净利益。最优化原则具体包括三条，又称为辐射防护三原则。

1. 辐射实践的正当性

任何伴随有辐射危害的实践，都要进行代价与利益的分析。只有当社会和个人从中获得的利益超过所付出的代价(包括防护费用的代价和健康损害的代价)时，才能进行该项实践，这称为辐射实践的正当性，又称为合理化判断。

2. 辐射防护的最优化

只要一项实践被判断为正当的，并已给予采纳，就需要考虑如何最好地使用资源来降低对个人与公众的辐射危害。辐射防护的最优化就是在考虑了经济和社会因素后，保证个人辐射剂量的大小、受照人数及不一定受到但可能遭受的照射，全部保持在可以合理做到的尽量低的水平。

3. 个人剂量限值

在实施上述两项原则时，要同时保证个人所受辐射的当量剂量不超过规定的相应限值。也就是隐含着，把职业性照射 20 mSv · a^{-1} 和公众的 1 mSv · a^{-1} 的限值作为最优化的剂量约束值。

以上三原则构成一体，不可分割。

7.4.3 电离辐射的剂量监测

1. 工作场所分区

不同工作场所和实验室放射性使用限值有严格的标准，具体见表 7-7。

表 7-7 不同工作场所和实验室放射性使用限值[a]

核素毒性(见附录 4)	最小显著用量/μCi	C 类场所[b]	B 类场所[c]	A 类场所[d]
剧毒组	0.1	≤10 μCi	10μCi～10 mCi	≥10 mCi
高毒组	1.0	≤100 μCi	100 μCi～100 mCi	≥100 mCi
中毒组	10.0	≤1 mCi	1 mCi～1 Ci	≥1 Ci
低毒组	100.0	≤10 mCi	10 mCi～10 Ci	≥10 Ci

a. Safe Handling of Radionuclides, IAEA Safety Standards, 1973.

b. 设备良好的化学实验室(良好通风设备和易清洁台面及地面)；

c. 特殊设计的放射性同位素实验室；

d. 特殊设计的可操作大量放射性同位素的实验室。

操作放射性物质或有辐射装置的实验室门外都应张贴“小心电离辐射”警示标志，并标明实验室负责人的姓名和电话，以备紧急情况下与之联系。实验室的限制级别(或限制区域)由弱到强分为非限制区、限制区、控制区、辐射区(距辐射源 30 cm 的吸收当量剂量率≥0.05 mSv·h^{-1})、高辐射区(距辐射源 30 cm 的吸收剂量≥1 Gy)和强辐射区(距辐射源 1 m 的吸收剂量≥5 Gy)。大多数使用辐射源的实验室都应该属于限制区,只有经过培训、获得实验许可的人员才可入内。

限制区内的辐射剂量水平要实行严格的监测,包括放射性污染情况、空气污染程度和外照射剂量等。同样,限制区内每个工作人员也应对放射性物质的安全负责。辐射区、高辐射区和强辐射区不应很多,也不允许公众进入。

2. 个人剂量监督

在有辐射或可能有辐射的环境内工作的人员,必须佩戴个人全身辐射剂量计(badge meter),并由指定机构定期检测更新,检测记录应正确反映在该工作场所内工作时所接受的辐射剂量。个人全身辐射剂量计应佩戴在躯干上(如胸前或腰间),上面写有佩戴者的姓名,并面对辐射源。个人全身辐射剂量计不可带到其他场所或带回家,因为在实验室之外可能存在非职业性辐照(如医院或其他实验室),而且个人全身辐射剂量计具有热和光敏感性,遇热(如汽车内或其他热源)或光会产生无法分辨的虚假辐射剂量。

辐射剂量计也有其检测范围,某些放射性核素(如^{3}H、^{14}C、^{35}S、^{33}P 和^{63}Ni)产生的射线能量低,不能被检测,而这些射线的穿透能力很弱,也不会对工作人员造成危害。在 X 射线、高能 β 和 γ 射线场所工作,最好使用肢体辐射剂量计(环)与个人全身辐射剂量计配合监测。如操作 1 mCi 以上的^{32}P 需要佩戴肢体辐射剂量计。孕期妇女应佩戴双份辐射剂量计(本人和胎儿使用,≤0.5 mSv·$month^{-1}$),并应按月更新。

辐射剂量计使用注意事项:辐射剂量计要及时送交监测,不得延误;防止辐射剂量计丢失或受到放射性物质的污染,否则要立即上报更换;不能使用他人的剂量计;工作结束离开实验室要交回剂量计,以保证有完整的个人辐照剂量监测报告;如工作中出现可能的大剂量辐照,应立即报告主管部门,并送交个人辐射剂量计;如检测部门发现剂量超标(如>2 mSv·$month^{-1}$),也应及时通知当事人,并对实验及场所进行评估。

7.4.4 电离辐射防护的实践

“时间、距离和屏蔽”三变量是辐射工作者将外照射减至最低所需的最常用的措施,它部分概括了防止放射性摄入的防护。考虑各行各业人们对辐射防护的理解层面和采取的措施的不同,需要一些具体的、指导性的意见。有人总结出辐射防护的十条原则和注意事项(表 7-8)。

表 7-8 辐射防护的原则和注意事项

原　则	注意事项(通俗表述)	注意事项(技术表述)
(1) 时间	动作敏捷	使照射/摄入时间减至最短
(2) 距离	增大距离	使距离最大
(3) 分散	分散稀释	使浓度达到最低、稀释度最高
(4) 减源	减少用量	使辐射和放射性材料的生产和使用减至最小
(5) 源屏障	加大屏蔽	使吸收达到最大(屏蔽),使释放减至最小
(6) 个人屏障	避免摄入	使进入身体的辐射和放射性材料减至最小
(7) 促排	努力清除	使放射性物质最大限度地从体内排出,或最大限度地阻止其进入体内(摄入或皮肤污染)
(8) 减轻效应	限制损伤	使照射最优化地分布于整个事件和各个人员之间,以清除自由基,引起修复
(9) 最优技术	技术优选	使危险/利益/代价值最优
(10) 限制受到其他因子的作用	降低危险	使所受到的可与辐射协同作用的其他因子(如:遗传毒性因子或可引致肿瘤始发、促发和进展的因子)的作用减至最小

保护环境、保障放射性工作人员与一般人员的健康和安全是辐射防护的基本任务之一,其目的在于防止有害的确定性效应,限制随机性效应的发生率,使之达到被认可和可接受的水平。下面重点介绍时间、距离、减源、促排和屏障等几个方面的内容。

1. 缩短操作时间

在恒定剂量率、恒定污染物浓度和呼吸率的条件下,辐射剂量和摄入量都与时间的一次幂成正比。使用辐射仪器装置时,要考虑每个人的使用率(操作时间)和占有率(所处方位)的合理性;在进行放射源操作或放射性药物制备等工作时,应通过预演和“空白实验”练习,即不使用有害物的实验(也称为“冷实验”),提高工作效率,从而尽量减少实际操作放射性物质的时间。缩短时间的成本是最低的,实验操作要迅速,但也不可匆忙、草率。

2. 增加操作距离

从几何位置上考虑,在真空中,点源外辐射剂量率与距离的平方成反比;无限线源的辐射剂量率与距离的一次幂成反比;无限面源的辐射剂量率与距离无关。控制源和受照者之间的距离,使源与受照者之间的距离最大,在职业环境下可使剂量降低 1～4 个数量级(表 7-9)。但也不可无限制地增加距离,因为随着距离的增加,例如使用镊子、遥控机械手或机器人等,会使操作的准确性和灵活性降低。设置限制区、粘贴放射性标签、开启红色警示灯、使用连锁门和大型包装等是增加公众辐照距离的常用做法。

表 7-9 接受 1 μCi 不同 β 源辐照的组织剂量率($rad \cdot h^{-1}$)与距离的关系*

(组织中的射程为 1～10 mm)

距离		^{14}C	^{90}Sr-^{90}Y	^{32}P
μm	mm			
10	0.01	2 000 000	766 400	380 000
100	0.1	1 500	7 380	3 700
200	0.2	40	1 705	930
400	0.4	0.03	340	230
600	0.6	0	130	100
1 000	1.0	0	34	30
10 000	10.0	0	0.02	0

* NATO AMedP-6(B), Part 1, 1996.

3. 减少辐射源

需要减少的辐射源包括两部分：所产生和使用的放射源；仪器设备所产生的辐照量。减源就是将放射性材料的生产和使用减至最小，降低可能受到的辐射剂量。常用β放射性核素的辐射如表7-10所示。事先减源往往要比事后减源（废物处理、环境清除）的费用低得多。放置衰变是最经济的减源方法，即通过放射性核素及其子体的半衰期管理，可以把短半衰期的放射性物质存储起来，当放射性减弱（冷却）后再作处理。反应堆辐照、核燃料后处理、短寿命废物处理等方面常采用放置衰变法。

表 7-10 常用 β 放射性核素性质[a]

性质	^{3}H	^{14}C	^{45}Ca	^{32}P	^{90}Sr
半衰期	12.3 a	5730 a	163 d	14.3 d	28.1 a
β射线最大能量/MeV	0.0186	0.156	0.257	1.71	2.27[b]
β射线平均能量/MeV	0.006	0.049	0.077	0.70	1.13[c]
单位密度射程/cm	0.00052	0.029	0.06	0.8	1.1
单位密度半吸收厚度/cm	—	0.0022	0.0048	0.10	0.14
吸收剂量率 / ($mrad \cdot h^{-1}$)/(100 β粒子 $\cdot cm^{-2} \cdot s^{-1}$)[d]	—	56	33	11	11
皮肤角质层(0.007 cm)穿透分数	—	0.11	0.37	0.95	0.97
上皮基细胞[e]吸收剂量率 / ($mrad \cdot h^{-1}$)/($mCi \cdot cm^{-2}$)	—	1 400	4 000	9 200	17 000[f]

a. J. Shaprio, Radiation Protection—A Guide for Scientists and Physicians.

b. 来自子体^{90}Y。^{90}Sr发射β射线最大能量是0.55 MeV。

c. ^{90}Sr(0.196 MeV)+^{90}Y(0.93 MeV)。

d. 平行粒子束(100 β粒子 $\cdot cm^{-2} \cdot s^{-1}$)。

e. 近似于皮肤表面污染造成的不同方向的辐照，基细胞指表面以下0.007 cm的细胞。

f. ^{90}Sr的吸收剂量率中包含^{90}Y的贡献。

4. 促进体内排出

促排是指将摄入体内的放射性物质从体内清除或阻断体内某器官吸收放射性物质的措施，但辐射造成的体内组织损伤或能量沉积是无法挽回的。所以，应采取必要的措施，防止放射性物质通过呼吸、进食和皮肤接触进入体内而产生内照射，特别要注意气溶性放射性物质的产生和预防。

摄入或黏附了放射性物质后，可能需要简单的清洗，或在医生的指导下进行清创和促排。药物洗涤和促排常使用螯合剂（例如 DTPA）、浓度竞争试剂及大量饮水，必要时还需外科手术。

5. 设置屏障

使物质或能量流动减慢或停止叫做屏蔽，减弱辐射的屏蔽体称为屏障。对辐射的吸收是所有屏障的主要功能。首先要考虑使用屏障将辐射源的辐射最大限度地吸收，因为屏蔽源要比屏蔽人容易。可用不同的材料作为容器、滤器和屏蔽体。经常用于屏蔽高能射线（电磁波）的固体屏蔽体有铁、铅、混凝土、土壤、钨、贫化铀和铅玻璃等，液体屏蔽体有水、汞和溴化物溶液。屏蔽快中子的有聚乙烯和石蜡；屏蔽热中子有硼、镉和铟，并可用水吸收中子；β 射线及电子流需要用低原子序数元素的材料屏蔽，尽量减少轫致辐射；α 射线一般不需要屏蔽。对源密封或使用多重容器（包括手套箱、通风柜、热室）等方法（图 7-13），可阻止有害物的摄入。

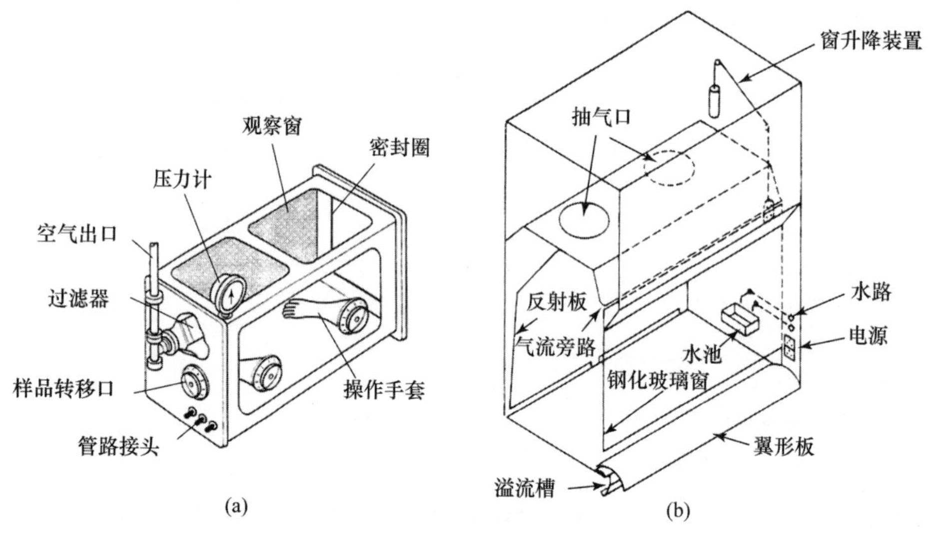

图 7-13 手套箱(a)和通风柜(b)

6. 个人防护

在首先对放射源进行密封和屏蔽的基础上，再适当使用个人屏障将人员与辐射或放射性材料隔离开，以防止有害物质的进入和摄入。常用的防止人体内外污染和照射的个人防护器具有铅围裙、手套、呼吸保护装置、玻璃护目镜、甲状腺屏蔽器和防护衣等。个人屏障是一种不得已的情况下采取的办法。其闷热的感觉和重量给实验者带来身体不适和操作不便,过多的个人防护用品还增加了清洗和废物量,防护费用也较高。实验者使用放射性物质应选择合适的个人防护用品,并小心谨慎地采取其他防护手段。气溶性放射性物质主要通过呼吸进入人体,需使用呼吸保护装置,例如防尘、防毒口罩或面具,其种类和使用方法应由防护及医疗专家指导。

当怀疑有摄入放射性物质事故发生后,应立即报告有关部门,并通过生物检查(尿样分析)等手段查看是否有放射性物质摄入体内。事后要总结经验,以防再次发生。

7. 过程监测

对于可能产生污染的工作区,需要在实验前进行本底检测,并实时监测实验过程中工作区的剂量水平,以便提示操作人员控制实验区的放射性污染水平(图 7-14)。手部容易受溅洒和气溶胶的污染,应频繁监测。实验完毕或一天工作结束后,要检测工作区污染情况,工作人员的衣服、鞋帽等也应检测合格。

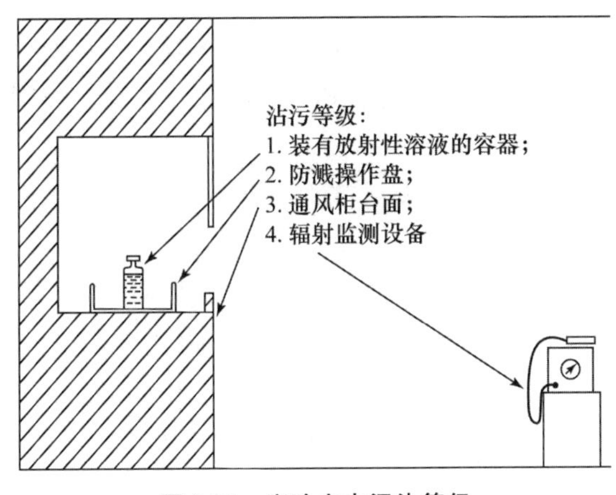

图 7-14 实验室内污染等级

7.5 电离辐射实验室的安全措施

存在电离辐射的实验室包括操作放射性物质的开放性放射化学实验室和装有射线发生装置的仪器实验室。前者的建立和使用必须经电离辐射主管部门审批许可,而后者的存在范围非常广泛。这些实验室的安全运行对在其中学习和工作的人员尤为重要。

7.5.1 放射化学实验室的设计

放射性实验室需要按限制分区特殊设计并配备良好的设备。实验室(限制区)应按照放射性由弱到强来排列设计，即依次为非限制区、限制区、控制区、辐射区、高辐射区和强辐射区。大多数使用辐射源的实验室都应该属于限制区。不同的放射性核素和用量应在不同的实验室内操作使用。放射性实验室应处于污染监测和人员控制区域，不可在办公室或其他场所进行实验。

放射性实验室应使用光滑、无缝和无吸附性的材料装饰表面（地面、墙面和桌面等）；通风柜排风量应不小于 $0.5\,m\cdot s^{-1}$，使用没有过滤装置和特殊设计的通风柜时，应区别不同实验谨慎操作；易污染的实验区应铺盖专用吸水纸（实验用聚合物背膜吸水纸）；实验室内放射性物品的安全要特别保障。

放射性实验室内的实验用品（如玻璃器皿和工具等）要有专门的地点存放，不能用于其他实验或带出实验室。操作有挥发性的放射性物质（如碘）和高活度放射性溶液等，必须在通风柜内进行。

7.5.2 放射化学实验室的管理

严格实验室管理是实验室安全的重要保障。错误的操作程序、拥挤混乱的工作区以及邋遢的工作习惯都可能发生放射性污染和事故。为有效地保障安全，实验者应做到以下几点：

(1) 认真遵守实验步骤。放射性核素的使用必须经过申请批准，经许可使用。违反实验步骤的做法是危险的。

(2) 保持工作区的整洁。拥挤混乱的工作环境会妨碍小心仔细地操作放射性物质。

(3) 使用实验用专用吸水纸铺垫实验区，防止放射性溶液意外溅洒。实验台、通风柜台面、样品盘、废物区以及地面等放射性工作区都应使用吸水纸。

(4) 操作易发生溅洒的放射性样品时，应采取二次收集方案。可用托盘或手套箱等方法收集溅洒物，并预防容器破裂。

(5) 移动、加热、离心或搅拌放射性样品时，其容器要加盖或密封。防止发生溢出、蒸发、产生气体和容器破裂等情况。

(6) 使用手推车转移放射性样品时，应防止掉落和倾覆事故的发生。

(7) 标记所有使用、存放和处理过放射性样品的物品和区域。

(8) 实验结束后应及时清理和检测工作区。如发现放射性污染，应及时做去污处理。

7.5.3 放射化学实验室的辐射监测

为获得有效准确的核辐射数据，应根据放射源和探测器的性质采用合适的测量方法（图 7-15，表 7-11），并注意以下几个方面：

图 7-15　工作人员对实验场所进行放射性监测

表 7-11　常用放射性核素性质及测量方法

同位素	半衰期	测量方法	探测效率	β射线能量/MeV	γ射线能量/MeV
^{3}H	12.3 a	液体闪烁探测器(简称“液闪”)	50%	0.0186	—
^{14}C	5730 a	液闪,扁平 β 探头	75%,5%	0.157	—
^{22}Na	2.6 a	“2×2”或“1×1”γ 闪烁探头	30%,15%	0.546	0.511,1.27
^{32}P	14.3 d	扁平 β 探头(G-M 管)	50%	1.71	—
^{33}P	25.3 d	扁平 β 探头	15%	0.248	—
^{35}S	87.5 d	液闪,扁平 β 探头	75%,5%	0.167	—
^{36}Cl	3.0×10^{5} a	扁平 β 探头	30%	0.709	—
^{40}K	1.28×10^{9} a	扁平 β 探头	50%	1.33	1.46
^{45}Ca	163 d	扁平 β 探头	15%	0.258	0.012(X 射线)
^{46}Sc	84 d	扁平 β 探头,“1×1”γ 闪烁探头	20%,15%	0.357	1.12,0.899
^{51}Cr	27.7 d	低能 γ 闪烁探头	20%	—	0.320
^{55}Fe	2.7 a	扁平 β 探头	15%	0.232	—
^{63}Ni	100 a	液闪	50%	0.0669	—
^{65}Zn	243.8 d	“1×1”γ 闪烁探头,扁平 β 探头	15%,15%	0.325	1.116
^{85}Sr	64.8 d	低能 γ 闪烁探头	15%	—	0.514
^{86}Rb	18.6 d	扁平 β 探头,“1×1”γ 闪烁探头	50%,20%	1.775	1.0771(9%)
^{111}In	2.8 d	低能 γ 闪烁探头	20%	—	0.245,0.171
^{125}I	60 d	低能 γ 闪烁探头	50%	—	0.036
^{203}Hg	46.6 d	低能 γ 闪烁探头,扁平 β 探头	25%,10%	0.213	0.279

(1) 合适的检测位置。检测探头应位于待测表面 1 cm 左右。距离远会使测量值偏低,甚至探测不到;太近,又容易污染探头。

(2) 合适的探测器。γ 射线探测器不能用于 β 射线测量,反之亦然。例如,测量^{3}H

应该用液体闪烁计数器，不能用盖革计数器。

(3) 合适的测量时间。测量位置不能起伏波动，也不可"一挥而就"，测量的精度与速度成反比关系。

(4) 探头无覆盖物。

(5) 仪器定期标定。使用系列密封标准源来标定辐射监测仪器的探测效率，仪器标定报告应包括仪器本底、实验室所用核素的探测效率及注解等内容。

根据实验室使用放射性核素的种类、数量和频率，辐射监测的间隔可以是每周、月、季或年。监测还应该包括放射性使用记录、污染控制、个人剂量监测、废物处置及人员培训情况等。监测应由独立部门进行，发现污染要及时清除并复查；不易清除的放射性污染，应做好标记并采取措施以降低辐射。总之，要使环境的辐射剂量低于最高剂量限值。

7.5.4 安全操作放射性物质

由于辐射是无形的，很容易被人们忽略。操作使用放射性核素需要特别小心谨慎，如果不具备一定的辐射安全知识，很可能发生事故。实验室对操作使用放射性核素或射线装置各个方面，包括放射性核素的订购、接收、运输、使用、存储、处理及射线仪器操作等，都要有严格具体的程序和规定。

1. 订购放射性核素

购买放射性核素先要上报辐射安全主管部门批准。使用者提出的申请中需说明实验基本内容，包括负责人姓名、核素名称、化学形态、活度和生产厂商等信息。购买带有放射源和产生辐射的仪器设备也应上报辐射安全主管部门批准并备案。

2. 收发放射性核素

放射性核素到货以及课题组间放射性核素转移，都要及时通知辐射安全主管部门，征得同意后方可执行，必要时还须辐射安全主管部门现场监督。运送的放射性物品应有完备的包装和清晰的标签，并应检测包装物的辐射剂量。合格后再由专用运输工具或专业运输部门负责运送，不得私自搭乘公共交通工具运送。

3. 操作使用放射性

永久放射性工作场所要有永久的放射性标志(图7-16)，临时使用放射性物质的场所可暂时设立放射性标志。使用放射性物质的实验室门外除应贴有放射性标志外，还应标明负责人的姓名和联系电话。

图 7-16 电离辐射的三叶图标志

实验室内所有存放放射性物品、有辐射发生设备或受到放射性沾污的地点和物品，包括仪器设备、推车、托盘、容器及大范围区域等，即高于本底的地点和器物，都应有放射性标志，贴上放射性标签或胶条，并标明包含的放射性核素、日期、活度(dpm 或 Ci)。放射性污物也应贴上放射性标签，污物桶标签应有放射性废物的列表。

操作放射性物质要戴橡胶手套，穿好实验服及必要的辐射防护用具；操作使用 γ 射线和高能 β 射线核素应戴护目镜或眼镜；移取放射性溶液时禁止用嘴吸取移液管；操作易产生气溶性物质的放射性样品必须在通风柜中进行。存储和转移放射性物质的容器应密封良好，使用双层容器封装以防止容器破裂遗洒，并使用托盘和手推车运输。实验者应负责去除工作区内的放射性污染；实验室应有放射性污物桶专门存放放射性废物。离开工作区前，放射性操作人员必须进行全身放射性污染检测，合格后方可离开。实验者应确保放射性样品的安全，随时防止此类物品失控。平时要锁好容器和实验室，避免未经许可的使用和转移。丢失放射性物品应立即报告辐射安全主管部门。

带辐射源的仪器和辐射发生装置，包括气相色谱、X 射线仪器、电子加速器、诊断和治疗用 X 射线机和电子显微镜等，应有必要的安全措施，辐射源附近要贴有辐射标志。操作人员应获得辐射安全主管部门培训和许可证，并佩戴个人辐射剂量计。

实验室及课题组应有放射性物品存量清单和使用记录，要及时更新并打印存档。记录要真实、完整、可靠，应包括放射性物质的用量、日期和使用者，日后作为辐射安全主管部门的调查依据。密封源应定期进行泄漏检查，例如，β 射线和 γ 射线放射源每六个月检查一次，α 射线放射源每三个月检查一次。

使用放射性物品（也包括其他有毒化学品和生物制品）的实验室内禁止饮水、进食、吸烟和化妆，也不能存放此类物品。如需要，可设立单独的、完全与实验室隔离的房间作为休息、进食使用。如使用空食品容器装载实验物品，应贴有明显标志。

4. 放射性污染处理

在非指定区域或地点的放射性物质称为污染。这些污染地点可能是地面、设备、工作台面、人员和其他非辐射实验室，污染程度参看表 7-12。发生污染往往是不可避免的。一般的轻微污染，即那些放射毒性较低、污染量较小的事件，在一定的时间和条件支持下，多数放射性物质都会清洗至本底；如果污染情况较重，特别是有人员受伤等情况发生，应属于放射性事故，还应参照事故处理程序。常规的放射性污染清理方法如下：

(1) 使用稀释后的高浓度放射性专用去污剂，通过擦拭、刮抹可轻易去除大部分放射性污染物。

(2) 放射性专用泡沫去污剂及其他用途泡沫去污剂都可以使用，将去污剂喷洒在污染处，几分钟后用吸水纸收集即可。

(3) 有些污染区不能使用上述去污剂，应询问专家，具体分析污染内容再作处理。

(4) 皮肤受到放射性污染，应使用温和的中性去污剂，如肥皂和温水自上而下清洗，避免剧烈摩擦损伤皮肤表面。水干后再用仪器检测，如还有污染，可再使用不含摩擦剂的洗手液清洗。

表 7-12　放射性污染最高限值

区　域	射线 (dpm/100 cm²)	高危险的β或γ射线[a] (dpm/100 cm²)	中低危险的β或γ射线[b] (dpm/100 cm²)
非限制区	22	220	2 200
控制区	22	220	2 200
限制区[c]	220	2 200	22 000
衣物(限制区外)	22	220	2 200
皮肤	22	220	2 200

a. 包括^{45}Ca、^{22}Na 和^{60}Co 等。

b. 包括^{32}P、^{3}H、^{14}C、^{35}S、^{125}I、^{51}Cr 和^{111}In 等。

c. 高校的放射性实验室都应属于限制区。

5. 放射性废物处理

放射性废物是指含有放射性核素或被放射性污染，其活度和浓度大于国家规定的清洁解控水平，并预计不可再利用的物质。目前核能和核技术的广泛应用，放射性核素的需求量不断增加。生产、研究和使用放射性物质以及处理、整备(固化、包装)、退役等过程中都会产生放射性废物。废物处理的目的是降低废物的放射性水平或危害、减少废物处理的体积。

要控制放射性废物的发生量，尽量考虑废物再利用，设计合适的实验流程、设备、试剂和材料，使得有害废物量尽量减少并易于处理；废物处理要优化设计，防止或减少二次污染，尽量缩小废物体积；废物应按等级和内容分开处理，便于存储和进一步处理。

实验室应有放射性废物专用的固体和液体容器，并提供套桶以防泄漏或沾污，存放地点还应有效屏蔽防止外照射。放射性废物应与其他非放射性废物分开，**不可将任何放射性物质投入非放射性垃圾桶或下水道**。根据放射性废物的放射性、化学毒性及环境保护的要求，放射性废物的处理和处置有不同的方法，因此，**在废物包装上一定要标明放射性废物的核素名称、活度、其他有害成分(化学或生物组成)以及使用者和日期**。放射性废物从最初产生到最后处理都要有完整的标签。废物往往要在实验室存放衰变一定时间再处理，减少废物量和注明处理日期是很重要的。

气体放射性废物处理：放射性废气中包括气态放射性物质或放射性气溶胶，可直接对环境构成威胁。应根据放射性废气的理化特性和排放限值选择合适的处理工艺。可先通过过滤装置除去固体颗粒，再使用吸附和洗涤装置除去有害气体，最后通过烟囱排入大气。要重视场所的通排风系统和气流走向的设计，防止不必要的交叉污染。

液体放射性废物处理：放射性废液的排放会直接污染环境。也要根据放射性废液的理化特性和排放限值选择合适的处理工艺。常用的工艺有蒸发、离子交换、膜技术、絮凝沉降、吸附、过滤和离心分离等，以将放射性废物浓集。不同放射性废液要分类处理。高活度的放射性废液可通过离子交换、蒸发等方法处理，提取其中的放射性核素，减小体积以便于存储和运输。特别要注意高浓度、高温产生的安全隐患，如火灾、爆炸、核临界点等。

固体放射性废物处理：固体放射性废物也应根据废物的理化特性和排放限值选择合适的处理工艺。固体减容处理常包括焚烧和压缩，注意过程中废气和废液的产生。

6. 放射性废物储存

放射性废物的储存要防止丢失，包装完整并易于存取。低、中放固体废物的存储期一般不超过 5 年，应适时处理、整备和处置。应经常对存放地点进行检查和监测，防止放射性泄漏的发生。废液的存储容器应有多层防泄漏保护并选择合适的防腐蚀材料。放射性废物存储一定时间，其活度衰变到小于国家规定的限值后，可批准豁免或降级处理和处置。

科研院所产生的少量放射性废物和废源，可在临时存储地点存放，但不得超过主管部门批准的数量和时间。存储期满应把废物送往专用储存或处理、处置单位。其他具体的废物管理、处理和处置规定可遵照国家标准《放射性废物管理规定》(GB 14500—2002)执行。

7.5.5 放射性事故的分类

通常，放射性事故可根据其危害程度分为一般事故、重大事故和紧急情况三类。一般事故：指发生少量放射性物质溅洒等异常情况时，操作者能够利用实验室内的去污剂短时间内自行处理，不会造成扩散和辐射伤害。重大事故：指发生大量放射性物质溅洒、高毒性核素或大面积污染、皮肤沾污、气溶性放射性物质污染及有放射性物质扩散出限制区等情况，操作者应立即向实验负责人和主管部门报告。紧急情况：指发生严重危及生命健康的辐射事故，或伴随火灾、爆炸等事件，以及出现严重人身伤害和死亡、火灾、爆炸和大量有毒有害气体泄漏等事故时，还可能涉及辐射伤害的情况。

不同等级放射性事故的应急处理方法见9.2.5小节。

7.6 非电离辐射的种类

非电离辐射主要是电磁辐射中由波长等于或大于紫外线、其光能量又不足以使分子离解的辐射线所形成的辐射。常见的有紫外线、可见光(激光)、红外线、微波和超声等(参见图 7-1)，下面将作详细介绍。

7.6.1 紫外辐射

紫外辐射又称为紫外线，波长范围为 100～400 nm。由于只有波长大于 200 nm 的紫外辐射才能在空气中传播，所以人们通常讨论的紫外辐射效应及其应用，只涉及 200～400 nm 范围内的紫外辐射。

通常把紫外线分为长波紫外线（UVA）、中波紫外线（UVB）和短波紫外线（UVC）。长波紫外线的波长范围为 315～400 nm，此区间又称为黑斑区；中波紫外线的波长范围为 280～315 nm，此区间又称为红斑区；短波紫外线的波长范围为 100～280 nm，此区间又称为杀菌区。

7.6.2 可见光

可见光的波长范围为 400～800 nm，是电磁波谱中人眼可以感知到的部分。可见光辐射又称光合有效辐射，由紫、蓝、青、绿、黄、橙、红等七色光组成，是绿色植物进行光合作用所必需的和有效的太阳辐射能。到达地表面的可见光辐射随大气浑浊度、太阳高度、云量和天气状况而变化。可见光辐射约占太阳总辐射的 45%～50%。

正常视力的人眼对波长约为 555 nm 的电磁波最为敏感，这种电磁波处于光学频谱的黄绿光区域。人眼可以看见的光的范围受大气层影响。大气层对于大部分的电磁辐射来讲都是不透明的，只有可见光波段和其他少数如无线电通信波段等例外。

7.6.3 红外辐射

红外辐射又叫红外线，波长范围为 0.8～1000 μm，介于微波与可见光之间，是波长比红光长的非可见光。红外辐射一般区分为三个频带：近红外或称短波红外（0.8～2.5 μm）、中红外（2.5～50 μm）、远红外或称长波红外（50～1000 μm）。近红外穿入人体组织较深，约 5～10 mm。中红外和远红外多被表层皮肤吸收，一般穿透组织深度小于 2 mm。

现代物理学又将红外线称为热射线辐射。在绝对零度（－273℃）以上的物体都辐射红外能量，是红外测温技术的基础。

7.6.4 激光

激光是具有相干性、单色性和一定强度的光流，是通过激发态的电子跃迁到低能级而发出的辐射能。它有可见光、近紫外和远红外的光谱（波长范围为 200 nm～1 mm），其发射范围可短至 10^{-12} s 的单个脉冲直到连续波的形式。

激光是它的英文名称 LASER 的音译，是取自英文 Light Amplification by Stimulated Emission of Radiation 的各单词头一个字母组成的缩写词，意思是“通过受激发射光扩大”。激光的名字完全表达了制造激光的主要过程，它不是天然存在的，而是人工激活特定活性物质，在特定条件下产生的受激发光。

7.6.5 微波辐射

微波是指频率为 300 MHz～300 GHz、相应波长为 1 m～1 mm 范围内的电磁波，位于电磁波波谱的红外辐射和无线电波之间。以脉冲调制的微波简称为脉冲波，不用脉冲调制的连续振荡的微波简称连续波。

任何物体在向外辐射红外线的同时，也辐射微波。微波与红外线相对，是物体低温条件下的重要辐射特性。温度越低，微波辐射越强。

7.6.6 超声波辐射

超声波是指振动频率在人类可听度界限以上的机械振动，大约是 16 kHz。超声波能被软组织强有力地吸收，频率越高，穿透力越小；频率越低，穿透力越大。穿透力强的超声波能够被利用，如用声呐测定海里的鱼群。

7.7 非电离辐射的生物效应及危害

7.7.1 紫外辐射对人体的危害

由于机体组织的核酸和蛋白质吸收紫外线的能力特别强，因此，紫外线易损伤机体组织，尤其易对眼睛和皮肤造成损伤。波长 250～320 nm 波段的紫外辐射更容易被眼角膜和结膜吸收，从而产生急性角膜结膜炎，即电光性眼炎。轻者眼睛有不适或异物感，重者眼睛剧痛、畏光、流泪、充血、球结膜水肿。但若能及时治疗，通常 1～3 日可以痊愈。强烈的紫外辐射还能够损伤眼球晶状体，是白内障眼病的主要诱因。

皮肤受到强烈的紫外辐射后，会出现红斑效应。这是由于受到紫外辐射后，表皮上会生成各种化学介质，并释放扩散到真皮，引起局部血管扩张，以至于皮肤出现红斑。严重时可产生小水泡和水肿并伴有头痛等症状。与灼伤所形成的红斑不同，紫外辐射所导致的红斑消失得很慢。红斑效应是 UVB 波段的紫外辐射效应。UVA 波段的紫外辐射透入皮肤深部，将那里存在的准黑色素物质氧化形成黑色素，产生色素沉着效应（黑斑效应）使皮肤变黑。

7.7.2 可见光辐射对人体的危害

可见光对人体的危害相对较小,最多见的影响来自人工光源,如激光,以及电影、幻灯机的照明灯、聚光灯和泛光等高强度光源。

眼睛凝视一个强烈的可见光源(如激光或太阳),可引起视网膜烧伤。由于晶状体的聚光能力,使光线投射在视网膜上的强度约为角膜的 15^5 倍(图 7-17)。吸收了足够的光能时,组织的分子振动增强会造成局部变热,这种热作用使色素上皮细胞和邻近对光敏感的视网膜杆状细胞、锥状细胞发生烧伤。视网膜的烧伤可能导致视力暂时或永久性的丧失。

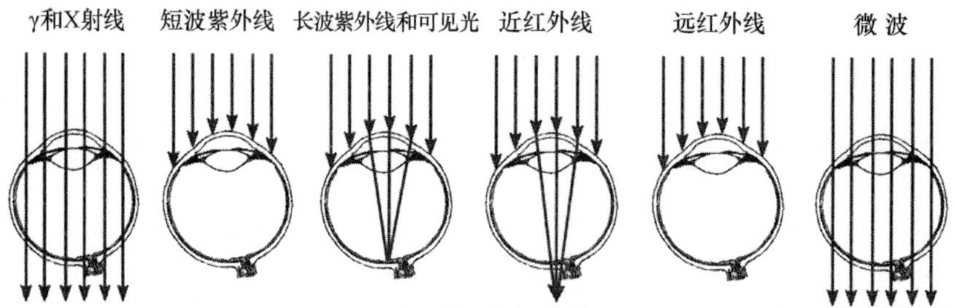

图 7-17 不同辐射对眼睛的穿透

7.7.3 红外辐射对人体的危害

适量的红外线有益于人体健康,过量照射则会对人的眼睛、皮肤造成伤害。

0.8～1.3 μm 波长的近红外线很容易透过眼睛角膜,它不能在视网膜上聚焦成红外线光源的肖像,但它能引起类似于可见光产生的视网膜损坏(图 7-17)。过度接触这些有危害的波长,可能完全破坏有保护作用的表皮细胞,由于蛋白质的变性而使晶状体成为不透明。如果变性的面积扩大到瞳孔,就会严重影响视力。冶炼工人或吹玻璃工人的白内障或晶状体混浊,即系晶体周围的虹膜吸收近红外线使晶体的温度升高所造成。

红外辐射对皮肤最为突出的直接作用是急性的皮肤灼伤、毛细管扩张和长时间的色素沉着。有许多因素可以影响红外线对皮肤急性灼伤的能力,其中最为重要的是皮肤温度的升高率。皮肤温度是决定疼痛的最重要因素。

7.7.4 激光辐射对人体的危害

激光主要是对人的眼睛、皮肤、神经中枢和呼吸道造成伤害,其中以对眼睛的损伤最为严重。可见光、紫外、红外辐射一般情况下不会对人体造成严重的伤害,但其波长范围内的激光的危害后果则严重得多,应引起重视。

1. 激光对眼睛的损害

激光的波长不同对眼球的作用程度不同,其后果也不同。远红外激光对眼睛的损害主要以角膜为主。这是因为该波长范围的激光几乎完全可被角膜吸收,所以角膜损伤最重,主要引起角膜炎和结膜炎,患者感到眼睛疼痛、有异物样刺激、怕光、流眼泪、眼球充血、视力下降等。发生远红外损伤时应及时遮住伤眼,防止感染,对症处理。紫外激光对眼睛的损伤主要是角膜和晶状体,此波段的紫外激光几乎全部被眼睛的晶状体吸收,中远紫外激光以角膜吸收为主,因而可导致晶状体及角膜混浊。眼睛屈光介质对可见光和近红外光的吸收率较低,透射率高,聚焦能力强。强度高的可见光或近红外激光进入眼睛时可以透过人眼屈光介质,聚光于视网膜上。此时视网膜上的激光能量密度及功率密度亦提高几千甚至几万倍,使视网膜感光细胞层温度迅速升高,致使感光细胞凝固坏死而造成不可逆损伤。一旦损伤后就会造成眼睛的永久失明。

激光损害眼睛的程度与激光进入眼睛总的光能量、能量密度及功率密度有关。例如,当可见光或近红外激光密度很低时,视网膜组织虽然接收了激光光子能量逐渐变热,但通过生理作用可使热量散发到眼外去,视网膜至整眼的温度无明显升高,或虽有微温变化,但不至于引起眼睛的急性损害。如当可见或近红外连续激光的功率密度不断增加,致使视网膜上的热量聚积速度大于散热速度时,或功率密度不是很高,但视网膜吸收时间太长致使视网膜温度升高,超过正常眼温 10℃以上,就会引起视网膜损害。

人的瞳孔大小随环境发生变化。黑暗环境下瞳孔直径为 7～8 mm,在可见强光下缩小到 1.5 mm。瞳孔越大进入眼的激光量越大,眼底损坏程度就越严重。因此,在光线较暗的环境中调准、使用激光器,更需慎重保护眼睛。因为这时瞳孔散开最大,进光量也最大,眼睛视网膜最容易受到伤害。

激光对眼睛的伤害程度还与激光的入射角度有关。激光入射角不与视轴同步,偏离角度越大,视网膜的损伤越轻。因为虹膜可以挡住偏离的激光,使其不会进入眼底。因此,必须绝对避免直视激光束。

2. 激光对皮肤的损害

激光照射皮肤时,如其能量(功率)过大,可引起皮肤的损伤。激光对皮肤的损伤程度与激光的照射剂量、激光的波长、肤色深浅、组织水分等许多因素有关,以前三个因素为主。

照射皮肤的激光功率密度(或能量密度)越大,则皮肤受到的损伤越大。皮肤吸收超过安全阈值的激光能量后,受照部位的皮肤将随剂量的增大而依次出现热致红斑、水泡、凝固及热致炭化、沸腾、燃烧及热致汽化。因此,激光损伤皮肤主要是激光的热作用所致。皮肤吸收激光能量后，局部皮肤温度升高。温度升高的程度不同，造成的损坏也不同，尤其以红外激光最突出。如 CO_2 激光（气体激光），皮肤对此类 10.6 μm 波长红外激光吸收率很高，透过率很低，吸收强烈，极容易造成损害。

激光损害皮肤的严重程度还由皮肤对激光的吸收率决定，皮肤对激光的吸收率由激光的波长所决定。皮肤对某波长的激光吸收率越高，受到的伤害也越严重。紫外激光和红外激光是损伤皮肤的主要波段激光。红外激光对皮肤的主要作用是热烧伤。功率小时，毛细血管扩张，皮肤发红发热；功率增大，热损伤程度随之增大。紫外激光对皮肤主要是光作用。紫外激光照射皮肤时可引起皮肤起红斑、老化，过量严重时可导致癌变。270～290 nm 波长范围的紫外激光对皮肤的危害性最大。

激光对皮肤的伤害还与皮肤颜色有关。肤色越深，伤害越大。

3. 激光对神经中枢和呼吸道的损害

激光可通过体表和眼睛等器官对神经中枢起刺激作用，可导致视觉疲劳、头晕、失眠等症状。激光器工作时产生的噪声，也可刺激神经中枢，影响人的精神状态。一些激光器在工作时产生的一氧化碳、二氧化碳、氮氧化物等物质还会引起呼吸道的不适甚至损害。

7.7.5 微波辐射对人体的危害

微波能量可以穿透玻璃、隙缝或纤维织物，对人体造成伤害。微波辐射对人体的危害，大致分为热损伤和非热损伤两类。

1. 热损伤

在微波高频电场的作用下，人体内组织分子固有的或诱导产生的电偶极子由于进行高频摆动，并为克服分子阻力而消耗能量，产生热效应，由此又引发一系列高温生理反应，从而使组织器官损伤。这种损伤都是微波辐射热损伤，严重时可引起皮肤或人体内部组织的烧伤甚至死亡。微波辐射急性致热作用强度为 $20\ \mathrm{mW \cdot cm^{-2}}$。强度大于 $10\ \mathrm{mW \cdot cm^{-2}}$ 即有明显的热效应，强度为 $1 \sim 10\ \mathrm{mW \cdot cm^{-2}}$ 时有弱热效应，强度低于 $1\ \mathrm{mW \cdot cm^{-2}}$ 时一般不会产生热效应。

微波热效应对人体造成的危害是多方面的，主要危害有：

(1) 眼睛容易受到微波损害，长时间微波照射可促进眼睛晶状体“老化”。长期接触高强度的微波辐射，可使眼睛晶状体产生点状或片状混浊，重者可影响视力，导致白内障。

(2) 中枢神经系统受微波辐射作用，可产生头昏、头痛、心悸、乏力、记忆力减退、消瘦等症状。患者常伴有神经系统失调症状，如心动过速（或过缓）、手足多汗、心律不齐、血压偏低等。

(3) 大剂量微波辐射可影响生育。使动物卵巢发生器质性瘤变,引起早产或流产。妇女长期受微波辐射,可导致月经不调等症状。人体睾丸组织若受到较大剂量的微波辐射,可导致暂时性不育症,使精子存活数暂时减少或活动力降低。

另外,微波辐射还可使心血管系统发生血液动力学失调;可引起消化系统消化不良,损伤较重可引起溃疡;可损伤呼吸系统,使呼吸变慢、肺出血或充血,重者可引起水肿,甚至梗死;可损伤骨髓,也可导致人体免疫能力的改变;强烈的微波辐射可造成皮肤内部组织的Ⅲ度烧伤,严重时可以致死。

2. 非热损伤

微波辐射除能造成以上各种热损伤外,还可产生多种非热损伤。无论是可产生热效应的高强度微波辐射,还是无热效应的低强度微波辐射,都可产生非热效应,造成非热损伤。如:

(1) 低强度的毫米波对人体虽无明显的热效应,但可产生迷走神经过敏反应,引起心动过缓、多汗、瞌睡、血压下降等症状。

(2) 微波可使人体器官产生反射性影响,如低强度($0.4\sim2\ mW\cdot cm^{-2}$)的微波可使耳内产生嗡嗡声幻听。

(3) 微波可影响动物的胚胎发育,使动物后代发生畸变。

强微波辐射还可影响电子系统,损伤电子设备元器件,甚至破坏电子系统。微波对心脏起搏器等器件工作有干扰作用,如佩戴心脏起搏器受微波设备影响时即可发生故障,从而给佩戴者造成生命危险。

7.7.6　超声波辐射对人体的危害

超声的强反射发生于水和空气的分界线,也出现在软组织与骨之间的交界处。反射由横的振动组成,与通常遇到的纵的振动不同。这些横的振动能被有效地吸收并转换成热,以致使骨邻近的软组织产生热效应。

超声的一个重要物理作用是“成穴”。平常,绝大多数液体包含有微小的气泡或其他微细的核粒。在稳定的超声场影响下,发现这些微小气泡及微粒周围溶解的气体的气泡长大,达到临界大小后这些气泡的振动与超声的振动发生共鸣,这就是通常所说的“稳定的成穴”。这种作用能导致大分子和细胞膜的断裂。超声的强度高时,随着能量的急剧释放形成瞬时的化学游离基后,成穴气泡则发生崩溃。在这一点上超声类似于电离辐射。但据现在研究的结论,超声并不引起像电离辐射产生的染色体的损害。这个结论对于产科运用超声诊断是特别重要的,有很大的价值。

7.8 非电离辐射的防护标准

7.8.1 紫外和可见光辐射的防护标准

紫外辐射的程度用辐照度来表示。辐照度是指照射到表面一点处的面元上的辐射通量除以该面元的面积，单位是 $W \cdot cm^{-2}$、$mW \cdot cm^{-2}$、$\mu W \cdot cm^{-2}$。

2001 年，我国制定了《作业场所紫外辐射职业接触限值》(GB 18528—2001)的国家标准。该标准中规定：

1. 时间加权平均接触限值

UVB：每日接触不得超过 $0.26\,\mu W \cdot cm^{-2}$(或 $3.7\,mJ \cdot cm^{-2}$)；

UVC：每日接触不得超过 $0.13\,\mu W \cdot cm^{-2}$(或 $1.8\,mJ \cdot cm^{-2}$)；

电焊弧光：每日接触不得超过 $0.24\,\mu W \cdot cm^{-2}$(或 $3.5\,mJ \cdot cm^{-2}$)；

2. 最高接触限值

UVB：任何时间不得超过 $1\,\mu W \cdot cm^{-2}$(或 $14.4\,mJ \cdot cm^{-2}$)；

UVC：任何时间不得超过 $0.5\,\mu W \cdot cm^{-2}$(或 $7.2\,mJ \cdot cm^{-2}$)；

电焊弧光：任何时间不得超过 $0.9\,\mu W \cdot cm^{-2}$(或 $12.9\,mJ \cdot cm^{-2}$)；

以上标准限值均指在防护用品内的测定值。该国家标准中也制定了相应的监测方法。

目前国家尚未出台专门的有关可见光辐射的职业接触标准，但对可见光部分的激光辐射标准有严格规定。

7.8.2 红外辐射的防护标准

红外线的防护标准主要是为了保护眼睛。对红外线部分的激光辐射标准，国家已出台严格规定。

7.8.3 激光辐射的防护标准

我国于 1989 年颁布并实施了《作业场所激光辐射卫生标准》(GB 10435—89)的国家标准。标准中规定了眼直视激光束的最大容许照射量和激光照射皮肤的最大容许照射量，分别见表 7-13 和表 7-14。表中照射量指受照面积上光能的面密度，单位为 $J \cdot cm^{-2}$。辐照度是指受照面积上光功率的面密度，单位为 $W \cdot cm^{-2}$。照射时间指激光照射人体的持续时间，用 t 表示。C_A 和 C_B 分别为红外和可见光波段光谱校正因子，激光生物学作用是波长的函数，校正因子是为评判等价效应而引进的数学因子。

该国家标准还制定了激光辐射的测试方法。此外，国家还制定了一系列有关激光技术、激光设备、激光测试方法、激光防护等的国家标准。

表 7-13　眼直视激光束的最大容许照射量

波长/nm		照射时间/s	最大容许照射量
紫外	200～308	$10^{-9}\sim3\times10^{4}$	$3\times10^{-3}\,\mathrm{J\cdot cm^{-2}}$
	309～314	$10^{-9}\sim3\times10^{4}$	$6.3\times10^{-2}\,\mathrm{J\cdot cm^{-2}}$
	315～400	$10^{-9}\sim10$	$0.56t^{1/4}\,\mathrm{J\cdot cm^{-2}}$
	315～400	$10\sim10^{3}$	$1.0\,\mathrm{J\cdot cm^{-2}}$
	315～400	$10^{3}\sim3\times10^{4}$	$1\times10^{-3}\,\mathrm{W\cdot cm^{-2}}$
可见	400～700	$10^{-9}\sim1.2\times10^{-5}$	$5\times10^{-7}\,\mathrm{J\cdot cm^{-2}}$
	400～700	$1.2\times10^{-5}\sim10$	$2.5t^{3/4}\times10^{-3}\,\mathrm{J\cdot cm^{-2}}$
	400～700	$10\sim10^{4}$	$1.4C_B\times10^{-2}\,\mathrm{J\cdot cm^{-2}}$
	400～700	$10^{4}\sim3\times10^{4}$	$1.4C_B\times10^{-6}\,\mathrm{W\cdot cm^{-2}}$
红外	700～1050	$10^{-9}\sim1.2\times10^{-5}$	$5C_A\times10^{-7}\,\mathrm{J\cdot cm^{-2}}$
	700～1050	$1.2\times10^{-5}\sim10^{3}$	$2.5\,t^{3/4}\times10^{-3}\,\mathrm{J\cdot cm^{-2}}$
	1050～1400	$10^{-9}\sim3\times10^{-5}$	$5\times10^{-6}\,\mathrm{J\cdot cm^{-2}}$
	1050～1400	$3\times10^{-5}\sim10^{3}$	$12.5t^{3/4}\times10^{-3}\,\mathrm{J\cdot cm^{-2}}$
	700～1400	$10^{3}\sim3\times10^{4}$	$4.44C_A\times10^{-4}\,\mathrm{W\cdot cm^{-2}}$
远红外	1400～10^{6}	$10^{-9}\sim10^{-7}$	$0.01\,\mathrm{J\cdot cm^{-2}}$
	1400～10^{6}	$10^{-7}\sim10$	$0.56t^{1/4}\,\mathrm{J\cdot cm^{-2}}$
	1400～10^{6}	>10	$0.1\,\mathrm{W\cdot cm^{-2}}$

注：波长 λ 为 400～700 nm，$C_A=1$；700～1050 nm，$C_A=10^{0.002(\lambda-700)}$；1050～1400 nm，$C_A=5$；400～550 nm，$C_B=1$；550～700 nm，$C_B=10^{0.015(\lambda-550)}$。

表 7-14　激光照射皮肤的最大容许照射量

光谱范围	波长/nm	照射时间/s	最大容许照射量
紫外	200～400	$10^{-9}\sim3\times10^{4}$	同表 7-13
可见与红外	400～1400	$10^{-9}\sim3\times10^{-7}$	$2C_A\times10^{-2}\,\mathrm{J\cdot cm^{-2}}$
		$10^{-7}\sim10$	$1.1C_A t^{1/4}\,\mathrm{J\cdot cm^{-2}}$
		$10\sim3\times10^{4}$	$0.2C_A\,\mathrm{W\cdot cm^{-2}}$
远红外	1400～10^{6}	$10^{-9}\sim3\times10^{4}$	同表 7-13

注：波长 λ 为 400～700 nm，$C_A=1$；700～1050 nm，$C_A=10^{0.002(\lambda-700)}$；1050～1400 nm，$C_A=5$；400～550 nm，$C_B=1$；550～700 nm，$C_B=10^{0.015(\lambda-550)}$。

7.8.4　微波辐射的防护标准

在操作微波设备过程中，仅手或脚部受辐射称肢体局部辐射。除肢体局部辐射外的其他部位，包括头、胸、腰等一处或几处受辐射，称为全身辐射。

功率密度表示微波在单位面积上的辐射功率，其计量单位为 $\mu W \cdot cm^{-2}$ 或 $mW \cdot cm^{-2}$。

平均功率密度表示微波在单位面积上一个工作日内的平均辐射功率；日剂量表示一日接受微波辐射的总能量，等于平均功率密度与受辐射时间的乘积。它们的计量单位都为 $\mu W \cdot cm^{-2}$ 或 $mW \cdot cm^{-2}$。

我国 1989 年制定了国家标准《作业场所微波辐射卫生标准》(GB 10436—89)。标准中规定微波作业人员操作位容许微波辐射的平均功率密度应符合以下规定：

(1) 连续波：一日 8 小时暴露的平均功率密度为 50 $\mu W \cdot cm^{-2}$；日剂量不超过 400 $\mu W \cdot cm^{-2}$。

(2) 脉冲波(固定辐射)：一日 8 小时暴露的平均功率密度为 25 $\mu W \cdot cm^{-2}$；日剂量不超过 200 $\mu W \cdot cm^{-2}$。脉冲波非固定辐射容许强度(平均功率密度)与连续波相同。

(3) 肢体局部辐射(不分连续波和脉冲波)：一日 8 小时暴露的平均密度为 500 $\mu W \cdot cm^{-2}$；日剂量不超过 4000 $\mu W \cdot cm^{-2}$。

(4) 短时间暴露最高功率密度限值：当需要在大于 1 $mW \cdot cm^{-2}$ 辐射强度的环境中工作时，除按日剂量容许强度计算暴露时间外，还需使用个人防护，但操作位最大辐射强度不得大于 5 $mW \cdot cm^{-2}$。

该国家标准中还制定了微波辐射测试方法并规定了测试所用仪器。

7.8.5 超声波辐射的防护标准

工业性超声源常伴随有噪声的产生，这些噪声能使人产生不愉快感的主观效应，但超声本身并不引起这种效应。目前，国家尚未对超声波的辐射制定相关标准。

7.9 非电离辐射的防护措施

7.9.1 紫外和可见光辐射的防护措施

化学实验室中有可能会产生此类辐射的仪器设备有紫外灭菌灯、紫外灯(显色用)、分光光度计、摄谱仪等。

对于紫外辐射，应严格遵守以下防护措施：

(1) 凡使用紫外灯和紫外辐射源的实验室，室外应该设有清晰、醒目的警告标志。

(2) 凡使用紫外灯和使用紫外辐射源的实验室，应在进门上方设有蓝色工作指示灯。紫外灯工作期间，指示灯亮。

(3) 如用手开关紫外灯，应将开关设在实验室外。

(4) 紫外灯工作期间，未配用防护设备者，禁止进入。

（5）操作者应佩戴符合标准的防护眼镜。防护眼镜应带遮边，防止紫外线由侧面辐射，以确保良好的防护效果。

（6）操作者应佩戴布手套或橡胶手套，以防护手部。眼、头部、颈部、面部也可用塑料防护面具保护。必要时要戴帽子以保护头部，并穿实验服防止身体皮肤受损害。

（7）一旦遭受紫外辐射并出现症状，应及时去医院治疗。电光性眼炎可先滴0.25%～0.5%的可卡因药水止痛，再涂抗生素或可的松眼膏，并戴眼罩尽量减少光线对眼的刺激。用鲜奶（人奶或牛奶）滴眼，也有一定的疗效。

对于可见光辐射，实验室内基本没有辐射剂量过大的情况，大部分都发生在室外。应尽量避免长时间在阳光刺眼的沙滩、戈壁、雪地逗留。对于室外工作者，应在上述不良环境下使用墨镜、太阳帽、太阳伞等工具。

7.9.2 红外辐射的防护措施

化学实验室中经常会出现红外辐射源，如加热的金属、熔融的玻璃等。长期接触红外辐射的操作者应佩戴护目镜，采用隔热保温层、反射性屏蔽、吸收性屏蔽及穿戴隔热服等。

7.9.3 激光辐射的防护措施

激光器按波长分为各种类型。由于不同波长的激光对人体组织器官的伤害不同，因而在各类型的激光器中按其功率输出大小及对人体的伤害分为四级。

第一级激光器，即无害免控激光器。这一级激光器发射的激光，在使用过程中对人体无任何危险，即使直视也不会损伤眼睛。对这类激光器不需作任何控制。

第二级激光器，即低功率激光器。输出功率虽低，用眼睛偶尔看一下也不至于造成伤害，但不能长时间直视激光束，否则眼底细胞受光子作用将损害视网膜。但这类激光对人体皮肤无热损伤。

第三级激光器，即中功率激光器。这种激光器的输出功率如聚焦时很大，直视光束会造成眼损伤；漫反射的激光一般无危险。这类激光对皮肤无热损伤。

第四级激光器，即大功率激光器。这类激光不但直射原光束及镜式反射光束会对眼和皮肤造成损伤，而且相当严重，并且其漫反射光也可对眼睛造成伤害。

激光实验室应有良好的通风。因为一些激光器使用的材料、染料或排出物及其副产物有毒，如 CO、CH_4、SO_2、CS_2 等；激光拉曼光谱和布里渊（Brillouin）散射所用的激光器，在用苯、甲苯、二硫化碳等有毒物质操作时，也会产生空气污染。因此，必须加强通风，稀释有毒气体，加强对操作人员呼吸道的保护，必要时使用呼吸保护工具。此外，激光实验室还应注意噪声防护。高功率脉冲激光器放电或气体激光器排气时可产生噪声，激光操作人员必要时要采用适当的噪声防护用品。通常，每天工作8小时，稳态噪声水平不应超过 85 分贝，脉冲噪声水平不得超过 140 分贝。

需引起注意的是，对于不同级别的激光器应实行不同的管理措施。第一级激光器是无害免控激光器，因此在使用时不需要任何限制措施，但需避免不必要的长时间直视激光束。在使用第二级激光器时，因连续观察这级激光束可造成眼损伤，所以不能长时间直视激光束，而且在安放激光器的房门上、激光器外壳及操作面板上应该张贴醒目的警告标志。

第三级激光器是中等功率激光器，可能造成眼睛损伤，必须对这一级激光器制定安全措施，严格执行，确保安全。具体措施有以下 6 个方面：

(1) 第三级激光器的使用人员必须进行上岗前培训，以了解激光器的结构及安全防护知识，必须明白操作此类仪器可能出现的潜在危险及出现危险时的应急处理方法。经考核合格后方可发给第三级激光器使用执照，只有持有执照的人员才有资格操作激光器。

(2) 安放激光器的房间要有明亮的光线。激光器的安放高度应使激光束路径避开正常人站立或坐着时的水平位置，视轴不能与出光口平行对视。

(3) 激光实验室应在明显位置张贴危险标志。实验室内禁止将激光束对准人体，尤其是眼睛，以防造成永久性伤害。应在激光器触发系统上装设连锁钥匙开关，确保只有用钥匙打开连锁开关才能触发启动，拔出钥匙就不能启动。激光器开启之前，必须告诫现场人员可能出现的伤害，并戴好安全防护眼镜。非工作人员严禁进入激光控制区域。

(4) 第三级激光器只能在一定的区域内使用。一般要求设立门卫及安全弹簧锁、连锁等，以确保外人与未受保护人员不能进入该区域，即使房门被意外打开时，激光器的激励也能立即停止。房间不应透光，以防止有害光束泄漏。同时还应安装紧急开关，危险情况下能使激光器停止发射。

(5) 调试激光器的光学系统应采取严格的防护措施，保证人眼不受激光束及镜式反射束的照射。用双筒镜、显微镜、望远镜之类光学仪器观察激光束时，应添加滤光器和适当的连锁类防护设备，以保证眼睛受到的照射量低于安全标准限值。

(6) 激光器的种类很多，必须根据激光器的波长选用光密度合适的防护眼镜，以加强对眼睛的保护。

第四级激光器输出功率很高，是最危险的激光器，对人体的损害程度最大。因为不仅原光束和镜式反射束可以伤害人体，而且漫反射光束也能伤害人体。对第四级激光器应采取更为严格的防护措施。不仅要执行全部第三级激光器的安全防护，还须在激光室内尽可能地把光路完全封闭，即尽可能地把原光束、镜式反射光束和漫反射光束都封闭起来。外罩应装连锁开关，以确保人员安全。

7.9.4 微波辐射的防护措施

化学实验室中产生微波辐射的主要是微波炉、微波反应器等，但是合格的仪器设备均不会产生微波泄漏。实验室应对此类仪器设备进行定期检查。由于微波看不见、摸不着，即使是作业场所超过了容许的辐射强度，也很难察觉到，容易忽视其危险性，从而造成事故。因此，必须加强对微波辐射的安全防护。具体措施有：

(1) 设立警戒状态。受微波照射的不安全处所，应设有明显的警戒标志，禁止闲人入内。

(2) 加强安全教育，遵守操作规程。微波工作单位应加强安全教育，建立健全安全管理制度；加强对设备的定期维护与合理保养，防止微波泄漏。微波操作人员必须经过必要的技术培训，掌握微波技术的基本知识，严格按照操作规则操作。

(3) 远距离遥控操作。选择合理的工作位置，尽量远离微波源，采用远距离遥控操作。应利用微波发射的方向性，将工作位设于辐射强度最弱处，避免在辐射流正前方进行操作。

(4) 职业性健康管理。准备参加微波操作的人员，就业前应接受体检。凡有严重的神经衰弱、眼睛或心血管系统疾病、血液系统疾病及内分泌失调的患者，不得从事微波工作。职业性微波操作人员应定期接受体检，一般 1～2 年进行一次。

(5) 实行剂量监测。为了保证安全，应对作业场所的微波辐射强度实行定期监测。测量所用仪器应符合国家标准，并按照国家标准规定的方法进行监测。微波工作场所应安装微波指示器和报警器。如微波辐射强度超标，可及时发出警报。

(6) 个人防护。微波操作人员只有穿戴好特制的屏蔽服和屏蔽用具后，方可在功率密度达 $2\ W \cdot cm^{-2}$ 的高强度微波辐射环境下从事短期工作。

7.9.5 超声波辐射的防护措施

工业性超声源常伴随有噪声的产生，这些噪声能使人产生不愉快感的主观效应。因此，需要采用隔离手段，减小噪声对实验人员和公众的干扰。

思考题

1. 自然界中存在几种天然放射系？它们的最终产物是哪种核素？
2. 放射性强度的法定计量单位是什么？
3. 举例说明外辐照和内辐照的区别。
4. 举例说明什么是电离辐射产生的随机性效应和确定性效应。
5. 人体组织中对电离辐照敏感的有哪些？
6. 辐射防护三原则是什么？
7. 进行某些对洁净度、温度、气流速度要求较高的实验时，超净台是常用的通用型局部净化设备。其常用灭菌方式为紫外灭菌，一般的超净台有三个按钮：紫外灯、照明灯、通风。在操作前一般需要进行 15～30 min 的紫外灯照射。当使用超净台时，应如何操作这三个按钮？

主要参考资料

[1] Lieser K H. Nuclear and Radiochemistry: Fundamentals and Applications. Weinheim: VCH, 1997.

[2] Martin A and Harbison S A. An Introduction to Radiation Protection. 4th ed. London: Chapman & Hall Medical, 1996.

[3] 王祥云,刘元方,主编. 核化学与放射化学. 北京:北京大学出版社,2007.

[4] Office of Radiation, et al. Radiation Safety Manual. Michigan State University,1996.

[5] Radiation Safety Office. Radiation Safety Manual. University of Marryland,2001.

[6] 高光煌. 激光辐射伤医学防护. 北京:军事医学科学出版社,1998.

[7] 姚守拙. 现代实验室安全与劳动保护手册. 北京:化学工业出版社,1989—1992.

[8] Strom D J,郭子军译. 辐射防护通讯,1996,16(5):25～32.

[9] 周永增. 辐射防护,2003,23(2):90～101.

[10] 郭鹞,陈晓燕. 试论"电离辐射与非电离辐射生物效应的关系与差异". 广州,第十五届全国电磁兼容学术会议论文集,2005.

[11] Michaelson S M,上海第一医学院劳动卫生教研组节译. 非电离辐射的防护标准. 国外医学参考资料卫生学分册,1976,(2):74～78.

[12] Richetts C R,游全程译,王宗全校. 非电离辐射. 国外医学卫生学分册,1981,(4):200～203.

[13] 叶宪曾,张新祥,等. 仪器分析教程. 第 2 版. 北京:北京大学出版社,2007.

[14] 国家标准《作业场所激光辐射卫生标准》(GB 10435—89).

[15] 国家标准《放射性废物管理规定》(GB 14500—2002).

[16] 国家标准《作业场所微波辐射卫生标准》(GB 10436—89).

[17] 国家标准《作业场所紫外辐射职业接触限值》(GB 18528—2001).

第8章　化学实验的基本安全操作

良好的安全意识是杜绝安全隐患、保护人身安全的关键。无论进入哪个实验室做实验，请牢记以下实验室的安全注意事项：

(1) 熟悉实验室周围环境和安全设施(灭火器、报警器、楼道电闸等)位置，以及安全出口和逃生通道的走向。

(2) 熟悉实验室内安全设施及水、电、气总开关的位置。

(3) 熟悉防护眼镜、紧急喷淋器和洗眼器的位置和使用方法。

(4) 熟悉待做实验的注意事项，特别是安全方面。

(5) 掌握着火、爆炸、触电、跑水、烧伤、危险化学品中毒等事故应急处理的基本常识。

(6) 爱护所有实验设施和公共物品，保持好环境卫生。

8.1　使用化学试剂的安全操作

进行化学实验操作最基本的原则是，将一切化学品先视为具有潜在的危害，尤其是对于新的、尚不熟悉的物质，使用时或进行化学反应的过程中应尽可能减少口鼻吸入和皮肤接触。使用化学试剂时以下具体操作值得注意：

(1) 使用危险化学品时应佩戴防护手套。

(2) 不可品尝化学试剂。不要直接俯向容器口去嗅化学试剂的气味，而应保持适当距离，摆动手掌将少许气味引向鼻孔。不要闻未知毒性的试剂。

(3) 不要用嘴来吸移液管或填充虹吸管，而应使用吸耳球或抽气机。

(4) 对于低沸点的液体(如乙醚、丙酮、四氯化碳等)，容器内不可盛得过满，不可置于日晒或高温处。开启这类容器时勿使瓶口正对人身。

(5) 装有化学试剂的容器必须立即贴好标签(包括试剂名称、纯度、相对分子质量、密度等)，使用时应仔细阅读标签。

(6) 量取化学试剂时，若遗洒在实验台面和地面，须及时清理干净。

8.2　使用玻璃器皿的安全操作

玻璃器皿是化学实验室的常用仪器。如果使用不当，也会造成意外伤害。以下具体操作应当予以重视：

(1) 使用玻璃器皿前应仔细检查是否有裂纹或破损。如有,则应及时更换完好无损的备件。使用时应轻拿轻放以防打碎。

(2) 将玻璃管插入橡胶塞或在玻璃管上套橡胶管时应注意防护,插管时可戴手套或垫毛巾包着玻璃管进行操作(握管的手要靠近橡胶塞)。橡胶塞打孔过小时不可强行插入玻璃管或温度计,应涂些润滑剂或重新打孔。

(3) 截断玻璃管操作:先用锉刀的棱用力锉出一道与玻璃管相垂直的锉痕(注意:不能将锉刀来回反复锉动),再在锉痕上沾点水,两手握管,两个拇指尖靠在一起抵住锉痕背面,用弯折和拉力使玻璃管从锉痕处折断。然后在氧化焰中将玻璃管锋利的截面熔烧圆滑,熔烧时缓慢地转动玻璃管,使熔烧均匀。灼烧后的玻璃管放在瓷砖或搪瓷盘中冷却待用。

(4) 进行试管加热时,勿使管口朝向自己或他人,以防溶液溅出伤人。

(5) 量筒、试剂瓶、培养皿等玻璃制品不可在火上或电炉上加热。不应在试剂瓶或量筒中稀释浓硫酸或溶解固体试剂。

(6) 灼热的器皿放入保干器时不可马上盖严,应暂留小缝适当放气。挪动保干器时应双手操作,并用两手的大拇指按紧盖子,以防滑落而打碎。

(7) 操作真空或密封的玻璃仪器时应格外小心。

8.3 使用天然气灯的安全操作

天然气灯是化学实验室常用的加热器具,加热效率较高。天然气主要成分是甲烷,甲烷属于易燃易爆气体,因此在使用天然气灯时要特别小心。以下安全操作不容忽视:

(1) 点燃天然气灯时,应先点着火柴再拧开燃气阀门,且头部和手臂切勿在灯的上方。

(2) 天然气灯应远离试剂架及其他不耐热物件。

(3) 在天然气灯使用过程中,实验者不可离开实验室。

(4) 在天然气灯使用过程中要防止被风刮灭(最好使用防风套管),用后须随手关闭阀门。

(5) 在天然气灯使用中应保持蓝色火焰。黄色火焰通常是燃烧不充分,不但会熏黑器皿,还会产生一氧化碳。

(6) 及时更换已老化的橡胶管,防止天然气泄漏。

8.4 汞的安全操作

汞俗称水银,在常温下汞逸出蒸气,吸入体内会使人受到严重毒害。若在一个不通风的房间内,又有汞直接暴露于空气中,就有可能使空气中汞蒸气超过安全浓度,从而引起中毒。所以汞的安全使用必须严格遵守以下规定：

(1) 汞要储存在厚壁的玻璃器皿或瓷器中。用烧杯临时盛汞时不可多装，以防烧杯破裂。

(2) 汞不能直接暴露在空气中，储汞的容器内应盛有水或用其他液体覆盖。

(3) 装汞的仪器下面要放置盛有水的瓷盘，防止汞滴散落到桌面或地面上。

(4) 一切转移汞的操作，都应在瓷盘内(盘内装水)进行。

(5) 若汞掉落在桌面或地面上，应先用吸管或真空吸尘设备尽可能将汞滴收集起来，然后用硫磺粉覆盖在汞溅落的地方，并摩擦使之生成 HgS。也可用锌粉覆盖形成锌汞齐。

(6) 擦过汞或汞齐的滤纸必须放入有水的容器内，最好还应在水面上覆盖硫磺粉。

(7) 盛汞的器皿或有汞的仪器应远离热源。严禁把有汞的仪器放进烘箱。

(8) 使用汞的实验室应有良好的通风设备，且要有下通风口。纯化汞的操作要在专用实验室进行。

(9) 手上若有伤口，切勿接触汞。

(10) 长期在有汞的环境中工作，要定期检查身体。

8.5　铬酸洗液的安全操作

铬酸洗液是含有饱和 $K_2Cr_2O_7$ 的浓硫酸溶液，具有强酸性、强腐蚀性和强毒性，使用过程中要十分小心。铬酸洗液的安全操作具体如下：

(1) 使用前确认待洗容器内没有遗留大量的水或有机溶剂，同时确认铬酸洗液没有失效。铬酸洗液颜色变绿，则失效不能使用。

(2) 取适量铬酸洗液(不要超过待洗容器容积的 1/4)放入待洗容器内，缓慢旋转、倾斜待洗容器，使洗液浸润全部内表面并充分接触。

(3) 使用后的铬酸洗液若颜色仍是深棕色，应倒回原瓶。(如果使用后洗液颜色明显变绿，则一定不要再倒回原瓶！应倒入专用的废液回收瓶中。)应将待洗容器尽量控干净，使残留在容器内部的洗液尽量少。

(4) 用少量自来水充分润洗已用铬酸洗液浸润过的待洗容器，将第一次的水洗液倒入专用的废液回收瓶中(第 3 步中已明显变色的洗液也倒入此瓶)；再依次用自来水、二次水充分淋洗，已无明显颜色的水洗液可倒入下水槽。

注意：铬酸洗液瓶的瓶盖要塞紧，以免吸水失效；使用铬酸洗液前应戴好防护手套(如橡胶手套等)；使用过程中若有遗洒，应及时处理。

8.6　典型实验过程中的安全操作

化学实验过程中往往涉及玻璃仪器组装、试剂移取、加热或冷却、温度和压力控制等多个环节，危险因素较多。必须认真注意以下安全操作：

（1）蒸馏和回流实验中往往用自来水或循环水进行冷却，连接管路的橡胶管必须接牢，而且应时常检查是否老化或容易脱落。一旦脱开不仅造成跑水，还可能因停止冷却而发生事故。

（2）进行蒸馏或回流操作时，务必防止形成封闭体系，否则容易发生爆炸事故。

（3）不同的溶剂体系应采用不同的加热方式。例如，沸点在 80℃以下的乙醚、二硫化碳、丙酮、石油醚、乙醇、氯仿等溶剂宜用水浴加热，而且只能从冷水开始加热；沸点在 80℃以上的液体可采用可调温度的电热套、油浴等加热。加热低沸点易燃溶剂应避免明火，加热设备应远离易燃物。禁止使用敞口容器加热有机溶剂。

（4）加热过程须防止局部过热和暴沸。在蒸馏和回流溶液时应先加入沸石或搅拌磁子，再开始加热。不能向热溶液中补加沸石或搅拌磁子。

（5）进行易燃溶液热过滤时，倾倒溶液前应关闭加热器。

（6）稀释浓硫酸时应一边搅拌一边将酸缓缓倒入水中。切不可将水倒入浓硫酸中，以防稀释时产生的大量热量使液体溅出伤人。

（7）不可随意徒手拿取灼热的器皿，以防烫伤或损坏器皿。应选择合适方法拿取，如使用专用夹子、钳子或佩戴手套等。

（8）实验过程中，操作者不可长时间离开。暂时离开应委托他人照看，以防发生意外事故。

思考题

1. 第一次进入新的实验室，有哪些安全注意事项？
2. 进行化学实验最基本的原则是什么？
3. 地面上不慎洒落汞，该如何正确处理？

主要参考资料

北京大学化学学院物理化学实验教学组. 物理化学实验. 第 4 版. 北京：北京大学出版社，2002.

第 9 章　实验事故的防范与应急处理

9.1　化学实验过程中的人身防护

化学实验经常涉及危险化学品、高压、高温、真空、辐射等危险因素，极易引发实验事故，造成人身伤害。为减少化学实验室人身伤害事故发生的概率，实验过程中人身防护工作非常重要。防范胜于救灾。实验前必须根据潜在的危险因素制定相应的防护方案，实验过程中应采取严密有效的防护措施(包括实验者和来访人员)。化学实验室须为实验者提供实验过程中必要的防护器具。

9.1.1　眼部防护

保护眼部至关重要。为避免眼部受伤或尽可能降低眼部受伤的危害，化学实验过程中所有实验者都必须佩戴防护眼镜(图 9-1)，以防飞溅的液体、颗粒物及碎屑等对眼部的冲击或刺激，以及毒害性气体对眼睛的伤害。普通的视力校正眼镜不能起到可靠的防护作用，实验过程中应在校正眼镜外另戴防护眼镜。不要在化学实验过程中佩戴隐形眼镜。

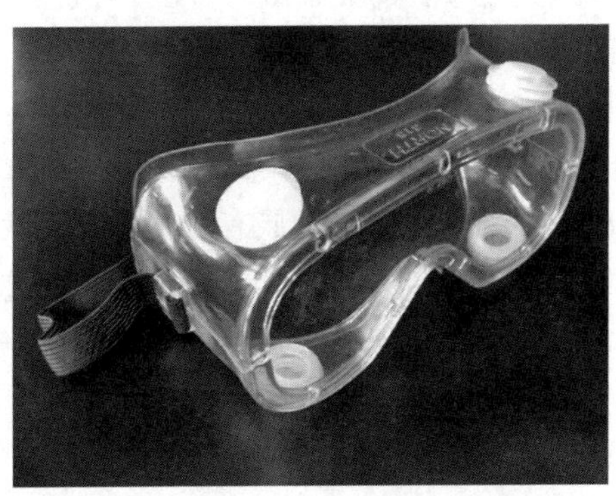

图 9-1　防护眼镜

对于某些易溅、易爆等极易伤害眼部的高危险性实验操作，一般的防护眼镜防护能力不够，应采取佩戴面罩、在实验装置与操作者之间安装透明的防护板等更安全的防护措施。操作各种能量大、对眼睛有害的光线时，则须使用特殊眼罩来保护眼睛。

9.1.2 手部防护

在化学实验过程中，手部是最易受到伤害的部位。手部保护的重要措施是佩戴防护手套。佩戴防护手套应注意：(1) 佩戴前应仔细检查所用手套(尤其是指缝处)，确保质量完好、未老化、无破损；(2) 实验操作过程中若需接触日常物品(如电话机、门把手、笔等)，则应脱下防护手套，以防有毒有害物质污染扩散。防护手套种类很多，以下介绍化学实验室常用的几种类型：

1. 防热手套

此类手套用于高温环境下以防手部烫伤。如从烘箱、马弗炉中取出灼热的药品时，或从电炉上取下热的溶液时，最好佩戴隔热效果良好的防热手套。其材质一般有厚皮革、特殊合成涂层、绒布等。

2. 低温防护手套

此类手套用于低温环境下以防手部冻伤。如接触液氮、干冰等制冷剂或冷冻药品时，需佩戴低温防护手套。

3. 化学防护手套

当实验者处理危险化学品或手部可能接触到危险化学品时，应佩戴化学防护手套。化学防护手套种类较多，实验者必须根据所需处理化学品的危险特性选择最适合的防护手套。如果选择错误，则起不到防护作用。化学防护手套常见的材质有天然橡胶、腈类、氯丁橡胶、聚氯乙烯(PVC)、聚乙烯醇(PVA)等。下面简单介绍各种材质手套的优缺点以供参考：

天然橡胶手套：具有天然弹性，使佩戴者触感优良；可抗轻度磨损；抗酸、碱、无机盐溶液的性能较好。但对有机溶剂，尤其是苯、甲苯等芳香族化合物以及四氢呋喃、四氯化碳、二硫化碳等的防护性较差，且易分解和老化。

氯丁橡胶手套：对酸类(包括浓硫酸等)、碱类、酮类、酯类防护性较好，耐切割、刺穿。但耐磨性不如丁腈橡胶或天然橡胶，且对芳香族有机溶剂和卤代烃防护性很差。

聚氯乙烯(PVC)手套：耐磨性良好；对强酸、强碱、无机盐溶液防护性良好。容易被割破或刺破；对酮类和苯、甲苯、二氯甲烷等有机溶剂防护性较差。

聚乙烯醇(PVA)手套：较坚固，耐刺穿、磨损和切割；对脂肪族、芳香族化合物(如苯、甲苯等)、氯化溶剂(三氯甲烷等)、醚类和大部分酮类(丙酮除外)防护性良好。但遇水、乙醇会溶解，不建议适用于无机酸、碱、盐溶液和含乙醇的体系中。

腈类手套：常见的有丁腈手套等。相对橡胶手套和乙烯基类手套而言，腈类手套化学防护性能较好，如对酸、碱、无机盐溶液、油、酯类以及四氯化碳和氯仿等溶剂的防护性良好。但对很多酮类、苯、二氯甲烷等防护性较差。

4. 防割手套

此类手套主要用于接触、使用锋利物品，或组装、拆卸玻璃仪器装置时防止手部被割伤。常使用杜邦 Kevlar 材料、钢丝、织物或坚韧的合成纱材质。

5. 一次性手套

有些化学实验操作对手部伤害风险较低，而对手指触感要求高时，可佩戴一次性手套。

9.1.3 防护服

化学实验过程中实验者必须穿着防护服，以防止躯体皮肤受到各种伤害，同时保护日常着装不受污染(若着装污染化学试剂，则会产生扩散)。普通的防护服(俗称实验服)一般都是长袖、过膝，多以棉或麻作为材料，颜色多为白色。进行一些对身体伤害较大的危险性实验操作时，必须穿着专门的防护服。例如，进行 X 射线相关操作时宜穿着铅质的 X 射线防护服。

不可穿着已污染的实验服进入办公室、会议室、食堂等公共场所。实验服应经常清洗，但不应带到普通洗衣店或家中洗涤。

此外，身体其他部位(如脸部、脚部、头部等)的防护也很重要。因此，实验者不得在实验室穿拖鞋、短裤，应穿不露脚面的鞋和长裤；实验过程中长发应束起。

9.1.4 通风柜(橱)

为了防止直接吸入有毒有害气体、蒸气或微粒，所有涉及挥发性有毒有害物质(含刺激性物质)或毒性不明的化学物质的实验操作都必须在通风柜中进行。这样既可避免实验者受到伤害，也可防止污染周围环境，以保障楼内人员的健康。

为了保障排风不受阻碍，一般情况下通风柜内不应放置大件设备，不可堆放试剂或其他杂物。只放当前使用的物品，而且危险化学品及玻璃仪器不宜离柜门太近。

开启通风柜前，应打开进风通道(门、窗等)。如果在开启风机的情况下关闭门窗或其他补风系统，将只会对室内造成较大负压，但实际空气流量却很小。这样非但不能将有害气体从室内排出，反而会将下水道内污浊空气抽入室内，造成新的污染。

进行化学实验操作过程中不可将头伸进通风柜。为了保持足够的风速将有毒有害气体排走，应尽量使柜门放低。

9.1.5 紧急洗眼器和紧急喷淋器

为防止实验过程中实验者因化学品喷溅、溢洒等原因而受伤害，化学实验室应安装紧急洗眼器和紧急喷淋器。前者一般安装在实验台水池附近或楼道中间，后者可安装在实验室或楼道中间。实验室负责人有义务对新进实验室的学生和研究人员进行设备使用的培训。管理人员应定期检查和维护设备，确保其正常使用，尤其是紧急洗眼器应至少每周启用一次，查看是否能够正常运行并避免管路中产生水垢。

9.1.6 急救药箱

化学实验室应备有急救药箱，以便出现人身伤害事故时进行简单的应急处理。急救药箱内常备药品和医疗器具有：消毒酒精、烫伤膏、创可贴、医用橡皮膏、纱布、镊子、医用绷带、消毒棉球、碘酒(碘酊)、饱和碳酸氢钠溶液、饱和硼酸溶液、催吐剂等。急救药箱一般放置在实验室或实验值班室，保管人员应保持药箱内物品的洁净和有效。

9.2 实验事故应急处理方法

一旦发生实验事故，尤其是出现严重的人员伤亡时，应及时通过各种方式向外界寻求援助，如向周围呼叫，拨打急救电话 120、999 等。在专业救护人员到来之前，应根据伤情在现场采取必要的应急处理措施。恰当的应急处理方法可以防止伤势恶化，促进恢复，甚至挽救生命。下面我们将逐一介绍实验室常见事故的应急处理方法。

9.2.1 危险化学品急性中毒的应急处理方法

鉴于危险化学品种类繁多，毒性各不相同，应急处理时宜小心谨慎。急救前应了解毒物的物理、化学及毒理性质，并咨询专业救护人员。切忌盲目、不科学的施救造成伤情加重。常见化学毒性物质的中毒症状与急救方法见附录 3。以下总结了一些简单的应急处理方法供参考。

1. 食入中毒的现场应急处理

(1) 催吐　对于神志清醒且食入的为非腐蚀品和非烃类液体的中毒者，一般可采取催吐方法。即用手指、筷子或棉棒刺激中毒者软腭、舌根或喉头，使其呕吐，也可服用吐根糖浆等催吐剂。催吐时中毒者应尽量低头，身体向前弯曲或侧卧，以免呕吐物呛入肺部。中毒者处于昏迷、神志不清等状态下，非专业医务人员不可随便进行处理，更不能催吐。

(2) 服用保护剂　当中毒者症状不适宜进行催吐处理时，如食入酸、碱之类腐蚀品或烃类液体，可服牛奶、植物油、米汤、蛋清、豆浆等保护剂，延缓毒物被人体吸收的速度并保护胃黏膜。

(3) 服用活性炭[①]　化学实验室经常使用的活性炭是一种强有力的非特异性吸附解毒剂,可吸附绝大部分毒物。成人一般使用 25～100 g,服用前可加入少量蒸馏水充分摇动润湿。

2. 吸入中毒的现场应急处理

让中毒者迅速脱离现场,向上风向转移至空气新鲜处。松开中毒者身上妨碍呼吸的衣物,保持呼吸道通畅并注意保暖。若中毒者呼吸困难,要及时给氧;呼吸、心跳停止,立即进行心肺复苏。

3. 皮肤接触的现场应急处理

立即脱去被污染衣物,用大量流动清水(如使用紧急喷淋器或自来水管)彻底冲洗。若毒物与水能发生作用,如浓硫酸等,则先用干布或毛巾擦去毒物,再用水冲洗。冲洗时忌用热水,以免增加毒物吸收。

4. 眼睛接触的现场应急处理

立即提起眼睑,用大量流动清水(如使用洗眼器)彻底冲洗。若毒物与水能发生作用,如生石灰、电石等,则先用沾有植物油的棉签或干毛巾擦去毒物,再用水冲洗。冲洗时忌用热水,以免增加毒物吸收。

9.2.2　触电事故应急处理方法

触电事故有两个特点:一是无法预兆,瞬间即可发生;二是危险性大,致死率高。一旦发生触电事故,千万不要慌乱,一定要冷静、正确处理。应急处理的基本原则是动作迅速和方法得当。具体步骤如下:

1. 迅速脱离电源

人体触电后,很可能由于痉挛或昏迷紧紧握住带电体,不能自拔。此时,应急处理的第一步是以最快的速度让触电者脱离电源。对于心脏骤停的触电者,立即心肺复苏!

(1) 脱离低压电源的方法

- 拉闸断电:如果电闸在事故现场附近,应立即拉开电闸,断开电源。
- 切断电源线:如果电闸不在事故现场附近,应立即用电工钳子或斧子逐相切断电源线。
- 如果带电体或电线被触电者压在身下,可用干燥的手套、绳索、木棍等拉开触电者,使之脱离电源。

在使触电者脱离电源时应注意以下几点:

---

① 《2010 年美国心脏协会心肺复苏和心血管急救指南》指出,活性炭能有效吸附毒物,但没有有力证据证明服用活性炭能改善预后,尤其是小孩服用不了推荐所需的剂量。而且还有研究表明,小孩服用后有害处。所以,除非专业救护人员建议或实在无计可施时,否则不要轻易服用活性炭。

➢ 救助者不能用金属或潮湿的物品作为救护工具。

➢ 未采取绝缘措施前，救助者不能接触触电者皮肤和潮湿的衣服。

➢ 在拉拽触电者脱离电源时，救助者单手操作比较安全。

➢ 如果触电者处于高位，要考虑触电者由高位坠地时的防护措施。

(2) 脱离高压电源的方法

高压电源极其危险。事故发生后，应立即通知有关供电部门断电，并拨打急救电话(120或999)求救。如果电源开关离触电现场不太远，可戴上绝缘手套，穿上绝缘鞋，使用相应电压等级的绝缘工具，断开电源开关或高压跌落式熔断器。若仅采取了一般性绝缘防护措施，切勿靠近去切断电源！

在未经过严格培训并未采取足够安全的绝缘防护措施的情况下，请不要贸然接近现场，更不能靠近高压电源，以防跨步电压和电弧伤人。逃离现场过程中以单脚跳或双脚并拢方式退至与接地点直线距离30 m之外的地带才较为安全。

2. 对症救治

(1) 轻度受伤

如触电者只是电伤，即电灼伤、电烙印、皮肤金属化等体外组织损伤，未伤及体内组织，一般无生命危险。一些触电者的皮肤症状表现很轻，但电击对机体产生的深部损伤，不仅触电者自己估计不足，有时连医生也估计不足。所以，遭电击后，无论伤情轻重，都应去就医。

(2) 重度受伤

如触电者神志恍惚、无知觉，但心脏还在跳动，尚有微弱呼吸，应让其在空气新鲜处平躺休息，松开身上妨碍呼吸的衣物，保持呼吸道通畅并注意保暖。

如触电者失去知觉，呼吸停止，应立即进行心肺复苏，同时请他人拨打急救电话，尽快送医院抢救。送至医院前，要注意保暖。

9.2.3 冻伤的应急处理方法

化学实验经常会使用液氮、干冰等制冷剂。若操作不小心，易引发不同程度的冻伤事故。

冻伤的皮肤损害与冻伤的程度有关。一度冻伤损害最轻，局部皮肤红肿充血、灼痛；症状在数日后消失，皮肤损害处不留瘢痕。二度冻伤伤及真皮浅层，除冻伤处的皮肤红肿外，还伴有水泡，伤处剧痛。三度冻伤伤及皮肤全层，皮肤变为黑、褐色，痛感觉丧失；伤口不易愈合，愈合后皮肤留有瘢痕。四度冻伤伤及皮肤、皮下组织、肌肉甚至骨头；治疗困难，皮肤愈后疤痕形成。

冻伤的应急处理是尽快脱离现场环境，快速复温。这是处理冻伤效果最显著而关键的方法。即迅速把冻伤部位放入 37～40℃左右(不宜超过 42℃)的温水中浸泡复温,一般 20 分钟以内,时间不宜过长。对于颜面冻伤,可用 37～40℃恒温水浸湿毛巾,进行局部热敷。在无温水的条件下,可将冻伤部位置于自身或救助者的温暖体部,如腋下、腹部或胸部,以达到复温的目的。

9.2.4 烧伤的应急处理方法

烧伤泛指由热力(如火焰、沸水、热油)、电流、化学物质(如强酸、强碱)、激光、放射线等所致的组织损害。

1. 烧伤程度判断

正确处理烧伤需判断烧伤程度,而烧伤程度主要依据烧伤面积和深度,并加以烧伤部位、年龄、有无合并伤等因素综合判断。

(1) 烧伤深度的识别

我国普遍采用三度四分法,即根据皮肤烧伤的深浅分为Ⅰ度、浅Ⅱ度、深Ⅱ度、Ⅲ度。Ⅰ度和浅Ⅱ度称为浅烧伤,深Ⅱ度和Ⅲ度称为深烧伤。

- Ⅰ度烧伤:又称红斑性烧伤。只伤及皮肤表面,局部出现发红、微肿、疼痛和烧灼感,无水疱。
- Ⅱ度烧伤:又称水疱性烧伤。损伤已深入真皮,引起红肿、剧痛,起水泡。浅Ⅱ度烧伤毁及部分生发层或真皮乳头层;深Ⅱ度烧伤除表皮、全部真皮乳头层烧毁外,真皮网状层部分受累,位于真皮深层的毛囊及汗腺尚有活力。
- Ⅲ度烧伤:又称焦痂性烧伤。皮肤表皮及真皮全层被毁,深达皮下组织,甚至肌肉、骨骼亦损伤。创面上形成的一层坏死组织称为焦痂,伤处苍白、干燥甚至焦黄或焦黑。由于伤处神经末梢被全部毁坏,因而没有疼痛感觉。

(2) 烧伤面积的估计

烧伤面积以烧伤区占全身体表面积的百分率来计算。我国人体表面积的计算常用九分法和手掌法,既简单实用,又便于记忆,两者常结合应用。

- 手掌法:将五指并拢,一掌面积为体表面积的 1%。不论年龄大小与性别,均以伤者自己手掌面积的大小来估计,如图 9-2。对小面积的烧伤直接以手掌法来计算。
- 九分法:即将全身体表面积划分为若干 9%的倍数来计算。成人的头颈占全身表面积的 9%,双上肢各占 9%,躯干前后(各占 13%)及会阴部(1%)占 3×9%,臀部(5%)及双下肢(各占 20.5%)占 5×9%+1%。

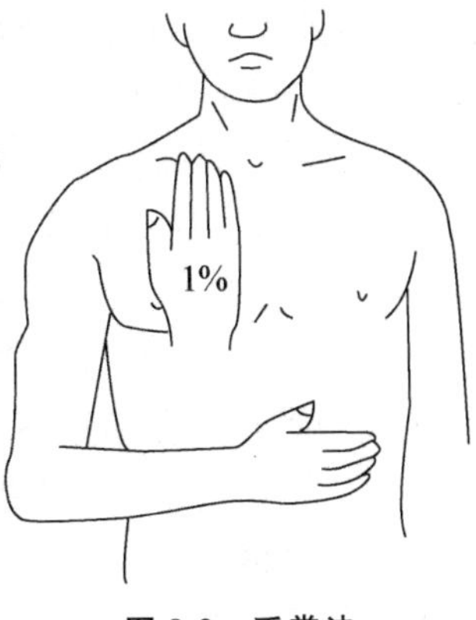

1%

图 9-2　手掌法

(3) 烧伤部位 面部、手部和足部是身体的外露部分，为最常见的烧伤部位。所谓特殊部位烧伤，是指面、手、足、会阴部的烧伤，呼吸道烧伤及眼球烧伤。因为这些部位很重要，直接影响生命或功能的恢复，在抢救中必须加以注意。

(4) 烧伤严重程度的分类 根据 1970 年全国烧伤会议提出的标准，将烧伤严重程度分为轻度、中度、重度、特重四类。轻度烧伤是指烧伤总面积占全身体表面积 9%以下的Ⅱ度烧伤。中度烧伤是指烧伤总面积在 10%～29%，或Ⅲ度烧伤面积在 10%以下的烧伤。烧伤总面积在 30%～49%，或Ⅲ度烧伤面积在10%～19%，或烧伤总面积不足30%，但全身情况较重或已有休克、复合伤、中重度吸入性损伤的情况，均判定为重度烧伤。烧伤总面积在 50%以上，或Ⅲ度烧伤面积在 20%以上的情况为特重烧伤。

2. 烧伤现场应急处理

迅速冷却是烧伤现场最为关键、首要的急救措施，即持续用温度较低的冷水(一般10～20℃为宜，但要高于 4℃)对创面进行浸浴、冲洗或湿敷，直至局部皮肤不疼、不红、不起泡为止。冷却时注意观察伤者，当发生寒战时，则应停止进行。

对于中小面积烧伤，持续冷却是非常有效的急救方法。冷却之后创面皮肤未破损处可外涂烧伤药膏等。有水泡处不可随意挑破，以免感染。

当发生大面积严重烧伤时，随时有发生休克的危险，必须尽快送入医院救治。

9.2.5 放射性事故应急处理方法

放射性事故根据其危害程度通常分为一般事故、重大事故和紧急情况三类。一般事故：指发生少量放射性物质溅洒等异常情况时，操作者能够利用实验室内的去污剂短时间内自行处理，不会造成扩散和辐射伤害。重大事故：指发生大量放射性物质溅洒、高毒性核素或大面积污染、皮肤沾污、气溶性放射性物质污染及有放射性物质扩散出限制区等情况，操作者应立即向实验负责人和主管部门报告。紧急情况：指发生严重危及生命健康的辐射事故，或伴随火灾、爆炸等事件；以及出现严重人身伤害和死亡、火灾、爆炸和大量有毒有害气体泄漏等事故时，还可能涉及辐射伤害的情况。

放射性事故发生后，首先应及时准确地上报主管部门，上报内容包括：发生事故地点、放射性核素名称、化学形态和数量、人身沾污及伤害情况、已采取的措施、联系人和项目负责人姓名及电话等。下面分别介绍不同等级放射性事故的应急处理方法。

1. 一般事故应急处理方法

(1) 立即使用吸附纸和吸附剂覆盖。

(2) 围堵泄漏物并隔离事故现场，防止不必要的污染扩散和人员照射。

(3) 使用辐射监测仪检测人员皮肤、衣物、实验仪器和场地的污染情况。如果人员皮肤被沾污，参看以下重大事故的处理方法。

(4) 妥善清理和清洗污染场所，检测合格后上报有关部门。

2. 重大事故应急处理方法

(1) 立即通知事故区内的所有人员并撤离无关人员,报告负责人。

(2) 使用吸水纸,尽可能防止污染物扩散,不要试图清洁去污;确定所有可能沾污的人员,防止污染进一步扩散。

(3) 尽可能屏蔽污染源,并减少自身的辐照量。

(4) 离开并锁好受污染的房间,避免污染扩散到非限制区(走廊和非辐射实验室)。

(5) 向主管部门报告。

(6) 脱掉所有受污染的衣服集中存放,在专家指导下进行去污。

(7) 皮肤沾污应先测量确定污染强度并记录,再用温水和肥皂自上而下清洗。

3. 紧急情况应急处理方法

应采取紧急救援行动,在辐射安全专家指导下实施救助:

(1) 立即通知事故区内的所有人员并撤离人员。

(2) 呼叫紧急救援组织。

(3) 等候救援人员的指令。

9.2.6　心肺复苏术

心肺复苏术(cardiopulmonary resuscitation,CPR),是用于抢救心跳骤停患者的一组技术措施,以此来维系人的血液循环和呼吸,从而挽救生命。

心跳骤停是指各种原因引起的心脏突然停止跳动,有效泵血功能消失,引起全身严重的缺血、缺氧。其表现为:(1) 突然意识丧失;(2) 呼吸停止或无效呼吸(仅有喘息样呼吸);(3) 大动脉搏动消失。《美国心脏协会心肺复苏和心血管急救指南》中明确指出,凡发现意识丧失、无效呼吸,即可判定发生了心脏骤停,在场人员应即刻实施心肺复苏术。

心肺复苏的黄金时间是心脏骤停后 4 分钟之内。因为人脑细胞对缺氧最敏感,常温下脑细胞超过 4 分钟以上无氧供应则可能导致不可逆的脑损伤,高温下脑细胞 2～3 分钟即发生坏死。如不及时科学救治,则伤病者生还无望。若心脏骤停已经超过 10 分钟才采取心肺复苏,复苏的可能性已不大。

1. 徒手心肺复苏术操作程序及步骤

不借助工具,仅用手操作心肺复苏术即为徒手心肺复苏。它通过胸外按压形成暂时的人工循环并恢复心脏自主搏动,采用人工呼吸代替自主呼吸。当发现心脏骤停伤病者而现场没有急救设备和工具时,我们应尽快实施徒手心肺复苏术以拯救生命。

根据《美国心脏协会心肺复苏和心血管急救指南》规定,传统的徒手心肺复苏操作程序可简单概括为 C-A-B(C 为 Compressions, A 为 Airway,B 为 Breathing),即胸外按压—开放气道—人工呼吸(图 9-3),且每进行约 2 分钟的 CPR 循环操作后重新评估复苏效果。

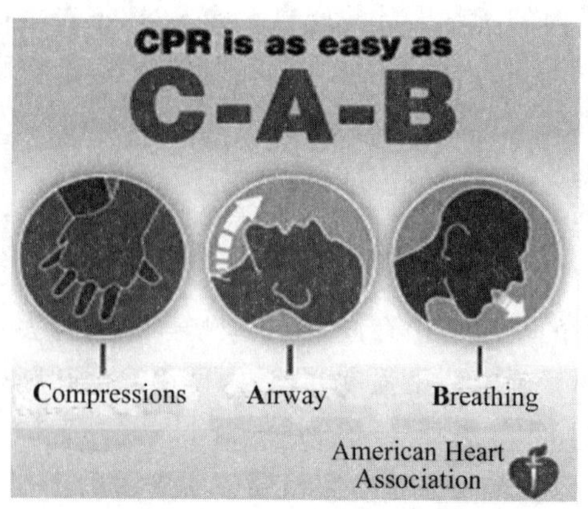

图 9-3 徒手心肺复苏操作程序

［图片来源：美国心脏协会(AHA)］

经过培训的专业救护人员应实施传统的 CPR 操作；对于未经心肺复苏训练的非专业人员，开放气道、人工呼吸操作可以不做，只做单纯胸外按压(hands-only CPR)，要有力而且快速地按压。当人工呼吸非常重要时(如因溺水、窒息等原因导致心脏骤停)，则应进行传统的 CPR 操作(包括人工呼吸)。

传统的成人徒手心肺复苏的具体操作步骤如下：

Ⅰ. 识别心脏骤停并启动急救系统

(1) 判断意识

➢ 当发现有人倒地时，救助者首先要观察现场环境。在确保环境安全的前提下，最好征得对方亲属同意后再进入抢救。

➢ 救助者跪在伤病者一侧，轻拍其双肩(但禁止摇晃伤病者)并在其两侧耳边大声询问“喂！你怎么啦?”，观察其有无反应。若无反应，应判定为意识丧失。

图 9-4 翻转体位

(2) 翻转体位

将伤病者翻转为复苏体位即仰卧在硬平面上。转换体位时应保持头、颈、脊柱整体一致移动，以保护脊柱，如图 9-4 所示。然后解开伤病者衣领和腰带。利用 5～10 秒扫视鼻翼有无煽动、胸腹有无起伏来判断伤病者有无呼吸。对于专业救护人员，在扫视之时也可(但不强制要求)触摸伤病者颈动脉以判定有无心跳[①]。

(3) 高声呼救

确定伤病者无有效呼吸后，立即高声求救："快来人呀！救命啊！请快拨打急救电话，回来帮助我。"

拨打急救电话(120 或 999)时间应根据伤病者年龄和当时的情况有所区别。

- 伤病者若是成年人或 8 岁以上儿童，且未发生窒息而出现呼吸停止，救助者应在积极心肺复苏的同时，呼唤他人立即拨打急救电话。
- 伤病者若是小儿或因创伤、气道阻塞和溺水导致猝死，因其病情凶险，而现场又处于心肺复苏与拨打急救电话无法同时进行的情况时，救助者应先做 2 分钟的心肺复苏再打急救电话。否则，复苏成功率差。

拨打急救电话须告知急救机构以下内容：

- 报告人姓名与联系电话，伤病者性别、年龄。
- 伤病者若为多人，说明其受伤种类、严重程度及人数。
- 如果伤病者是报告人亲属，最好介绍以往所患的相关疾病。
- 现场所采取的救护措施。
- 伤病者所在的确切地点，尽可能指出附近街道的具体地址或其他显著地理标志。

注意：应让对方先挂电话，或明确询问是否可挂断电话。否则，可能会延误治疗。

Ⅱ. 胸外心脏按压(Compressions)

胸外心脏按压是 CPR 的基石。所有救助者，无论是否经过训练，都应为心脏骤停伤病者施以胸外按压。只有进行正确的按压才能使心脏泵血，这一点至关重要。胸外心脏按压的具体操作为：

(1) 救助者站立或跪在伤病者身体的一侧，尽量将其胸部暴露。

(2) 按压点定位为胸部中央，胸骨下 1/2 处。对于无乳房畸形的一般伤病者，定位方法也可为两乳头连线和胸正中的十字交叉点，见图 9-5。

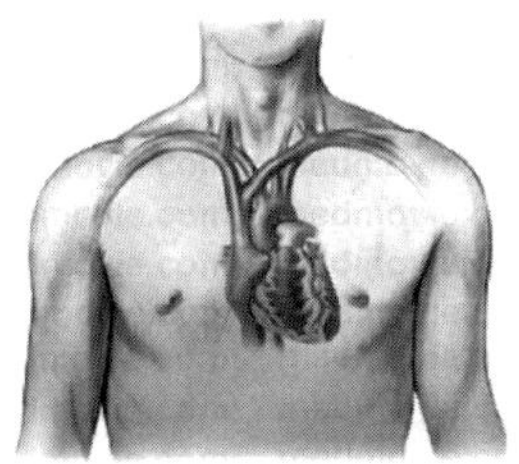
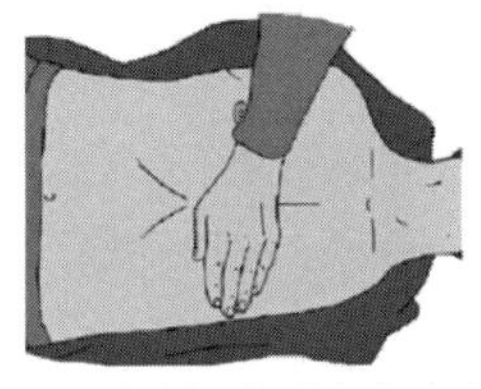
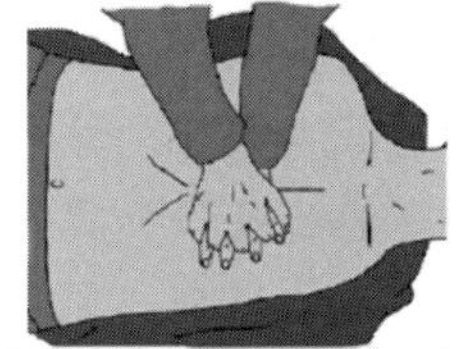

图 9-5　胸外心脏按压取位

① 根据《美国心脏协会心肺复苏和心血管急救指南》规定，所有救助者可以对无反应且无呼吸或非正常呼吸(仅有喘息)的伤病者推定为心脏骤停并立即开始以下的心肺复苏操作，不再强调判断心脏骤停必须进行脉搏检查。

(3) 按压手法：将一只手掌跟部紧贴在按压部位，另一只手重叠其上，双手十指交叉。救助者上身前倾，双臂垂直，双手肘部伸直。以掌根为着力点，以髋关节为轴，用上身的力量垂直向下(脊柱方向)用力、快速按压胸骨，按压速率为每分钟 100～120 次。按下后应让胸骨充分回弹，每次按下与松开的时间相等。以上是伤病者为成人或 8 岁以上儿童的按压手法，按压深度至少 5 cm，同时避免过深(大于 6 cm)。不同人群按压手法及深度不尽相同，见图 9-6 所示。

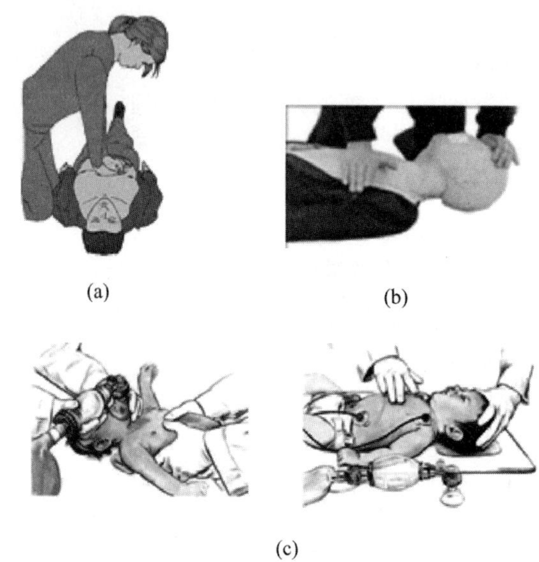

(a) (b) (c)

图 9-6 不同人群胸外心脏按压

(摘自《美国心脏协会心肺复苏和心血管急救指南》)

(a) 8 岁以上：胸骨正中，双掌根下压>5 cm；(b) 1～8 岁：胸骨中段，一只手掌根下压约 5 cm，即胸部前后径的 1/3；(c) 1 岁以内：两乳头连线下，两手指下压 4 cm(胸部前后径的 1/3)

(4) 胸外心脏按压的禁忌症有：廓外伤，怀疑有肋骨骨折；胸廓畸形；心包填塞；肋骨骨折。出现以上 4 种情况，应由专业救护人员进行处理。

Ⅲ. 开放气道(Airway)

先清除伤病者口腔内异物如呕吐物、假牙等，清理时最好戴上不透水的手套，以保护救助者不被感染疾病。开放气道时应使伤病者鼻孔朝天，气道方可充分打开。开放气道的常用方法有压额提颏法和拉(托)颌法，应根据伤病者具体情况进行选择。

(1) 压额提颏法　伤病者无颈椎损伤，可选此法。具体操作见图 9-7，即用一只手压住伤病者前额，另一只手食、中指并拢，放在颏部的骨性部分向上抬颏，使得颏部及下颌向上抬起、头部后仰，直至鼻孔朝天。

(2) 拉颌法(托颌法)　从高空坠落、头部受伤怀疑颈椎骨折的伤病者，打开气道的方法常用拉颌法，具体操作见图 9-8。拉颌法因其难以掌握和实施，常常不能有效地开放气道，还可能导致脊髓损伤，因此不建议非专业人员采用，应由专业救护人员完成。

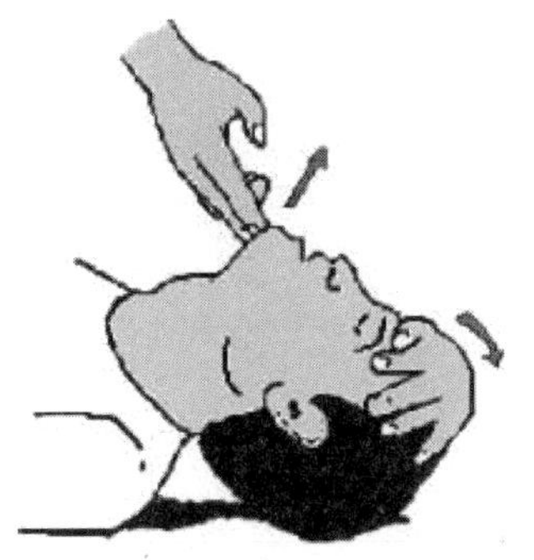

图 9-7　压额提颏法

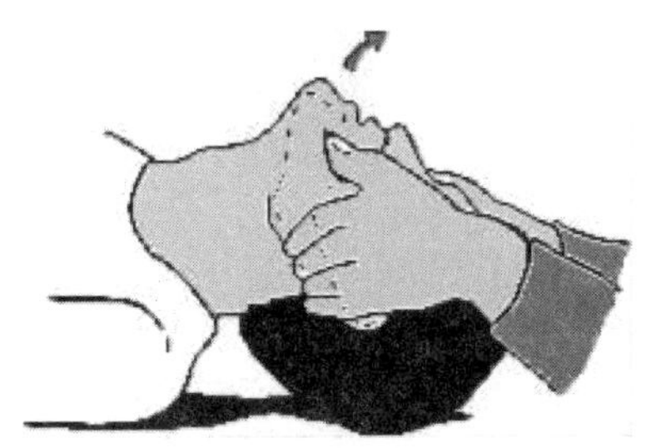

图 9-8　拉颌法

Ⅳ. 人工呼吸(Breathing)

确定伤病者无呼吸后，救助者最好先将呼吸膜放在伤病者的嘴上或者鼻子上，以保护自己或伤病者免受感染。正常吸一口气后，捏住伤病者的鼻翼(鼻孔)，用自己的嘴包严伤病者的嘴，缓慢(超过 1 秒钟)将气吹入，吹气量以伤病者胸廓鼓起即可(成人约 500～600 mL)。应避免快速、过度吹气，否则可能造成压力性肺内损伤。吹气后，口唇离开，并松开捏鼻的手指，使气体自然呼出。

口对口吹气是一种快捷、有效的人工通气方法。如不能采用口对口吹气时，可口对鼻吹气。

Ⅴ. 心肺复苏循环操作

对于专业救护人员和进行过 CPR 训练、有能力实施人工呼吸的非专业人员，不论是单人或双人操作，均需以胸外心脏按压与人工呼吸的比例为 30∶2 进行 CPR，即每做 30 次胸外心脏按压后，再进行 2 次人工呼吸。连续进行 5 次比例为 30∶2 的按压—通气循环操作，即是一个 CPR 循环，总时间约为 2 分钟。

对于未经 CPR 训练的非专业人员，或当救助者不愿意或不能给伤病者做人工呼吸时，则应继续进行单纯的胸外心脏按压。

Ⅵ. 心肺复苏效果评估

约每 2 分钟即一个 CPR 循环后，利用 5～10 秒来评估一次心肺复苏效果，作为是否继续心肺复苏的评判。

(1) 评估呼吸　扫视伤病者鼻翼有无煽动、胸腹有无起伏。

(2) 评估心跳　有能力的救助者，心肺复苏 2 分钟后可以触摸动脉有无搏动。具体方法(图 9-9)如下：

对 1 岁以上者，救助者应将食指和中指并拢，放在伤病者喉结旁开 2.5 cm 处，即喉结

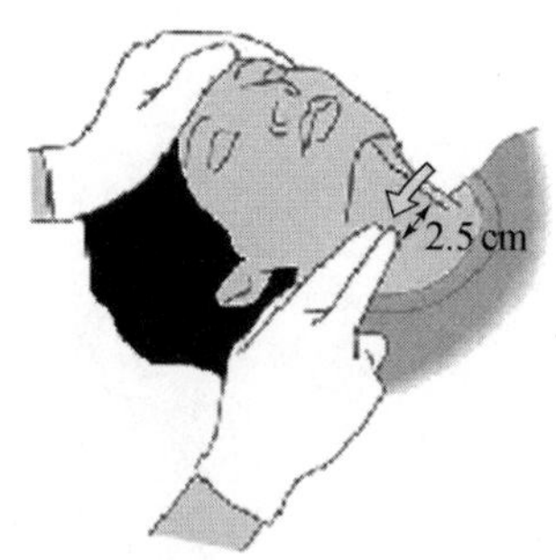

(a) 1岁以上触摸颈动脉

(b) 0~1岁内触摸肱动脉

图 9-9 脉搏检查方法

与胸锁乳突肌之间的缝隙中，感受有无颈动脉搏动。

对 1 岁以下者，救助者应将食指和中指并拢，放在上肢内侧，触摸肱动脉，感受有无搏动。

(3) 观察活动 观察伤病者手脚有无活动、脸色有无转红。

2. 心肺复苏终止条件

有下列情况之一者，可以停止心肺复苏：

(1) 持续做 CPR，直到 AED(自动体外心脏除颤器)到达且可供使用。

(2) 伤病者开始活动。如果自主呼吸及心跳恢复，为防止窒息，应采取稳定侧卧位(恢复体位)。肢体末端血流受损的伤病者，恢复体位应每 30 分钟更换一次体位方向，以免造成肢体压伤。操作时要注意手法，不正当地转动体位，将进一步加重伤病者损伤。

(3) 专业救护人员接管 CPR。

(4) 心肺复苏已历时半小时，心、脑死亡仍存在。

(5) 救助者筋疲力尽，不能继续完成 CPR。

(6) 现场变得不安全。

(7) 开始 CPR 前，循环及呼吸停止已超过 15 分钟以上。

为确保心肺复苏质量，操作者应严格按照《美国心脏协会心肺复苏和心血管急救指南》来操作。如现场有多名救助者，心肺复苏操作 2 分钟后，应立即换人操作，以确保操作质量。

3. 生存链——心肺复苏成功的关键

挽救生命除了争取宝贵的黄金急救 4 分钟外，更重要的还是保持抢救的连续性，即保证生存链中的每个环节不中断。只有这样，才有可能达到救人的目的。成人生存链见图 9-10。

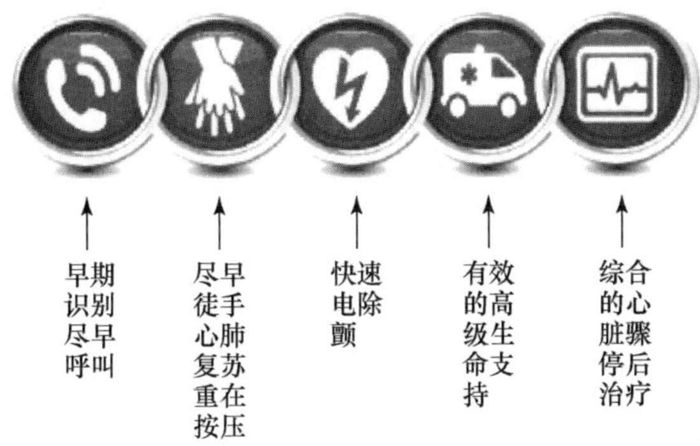

图 9-10 成人生存链

在成人生存链 5 个环节中，最重要的是快速电除颤。正如中国人民解放军总医院急诊科主任沈洪教授说的那样："及时发现紧急情况，立即开始救治最重要，否则病人便不可能获救。但早期电除颤却是唯一充分有效的治疗手段，85% 心脏骤停由室颤引起，故称早期除颤是决定心脏性急症病人生存率唯一的最重要因素。"

循证医学证明，使病人成活的可能性与两个时间段有关：

(1) 病人倒下到开始除颤的时间　即从病人突然心脏骤停到救助者使用 AED(自动体外心脏除颤器)的时间。使用病人身边的 AED，心脏骤停 3～5 分钟即开始除颤，45%～75%可存活。越早使用 AED，复苏的成功率越高。

(2) 病人倒下到开始 CPR 的时间及规范化程度　救助者施行 CPR 几个周期直至 AED 除颤，成活率提高 2～3 倍。在现场抢救时不做 CPR，每延迟 1 分钟除颤则存活率下降 7%～10%；在现场抢救时做 CPR，每延迟 1 分钟除颤则存活率下降 3%～4%。

4. AED(自动体外心脏除颤器)简介

AED (automated external defibrillator)是一种便携式、易于操作，专为现场心脏骤停病人设计的急救设备。它是美国人在 20 世纪 80 年代末发明的，也叫生命之救星。从某种意义上讲，AED 的使用不仅是急救设备的更新，更是一种全新的急救观念革命，一种由现场目击者最早进行有效急救的新观念。2000 年 5 月 20 日上午，即将卸任的美国总统克林顿致全美人民电台演讲："早上好！在过去的 7 年中，我们一直为提高美国人民的健康和人身安全付诸努力。今天我很高兴地告诉大家一种用于挽救成千上万人们生命的新方法，它使那些受害于最大杀手——心脏骤停的人劫后余生……想一想看，在一座交通拥堵的大城市，急救医疗人员到达现场往往超过 10 分钟。但要感谢有了一种叫自动体外心脏除颤器的新设备，简称 AED。"

美国心脏协会 2007 年 11 月 3 日至 7 日的美国奥兰多的科学年会上，相关专家报告称，根据国家对院外心脏停搏的统计，估计在美国和加拿大，围观者施行 CPR 并使用

AED 每年挽救了 522 条生命，超过每天救活 1 个人。当围观者实施 CPR，尝试使用 AED 并且确实放电者，存活率增加到 36%，大约是单纯 CPR 的 4 倍。

目前在发达国家和地区的公共场所常备 AED。截至 2012 年 2 月，我国首都机场共安放 74 台 AED。相信随着经济的发展，我国公共场所会陆续安放更多 AED。

急救时是先使用 AED 除颤还是先进行 CPR 操作呢？成人或 8 岁以上儿童心脏骤停后 5 分钟之内的，应该先除颤后做 CPR；心脏骤停超过 5 分钟的，应先做 2 分钟 CPR 再除颤。研究发现，心脏骤停超过 5 分钟，由于心室纤颤消耗了很大的能量而逐渐衰竭，电击除颤的效果欠佳，无法恢复有效收缩。这时在电击前先进行 90 秒到 3 分钟的胸外按压可显著提高存活率。因此，若救助者能在室颤发作后 5 分钟内进行除颤最好。

AED 的用法操作简单，只需按其语音提示操作即可。操作步骤一般分成四步：开开关、贴电极、插插头、除颤，具体见图 9-11。

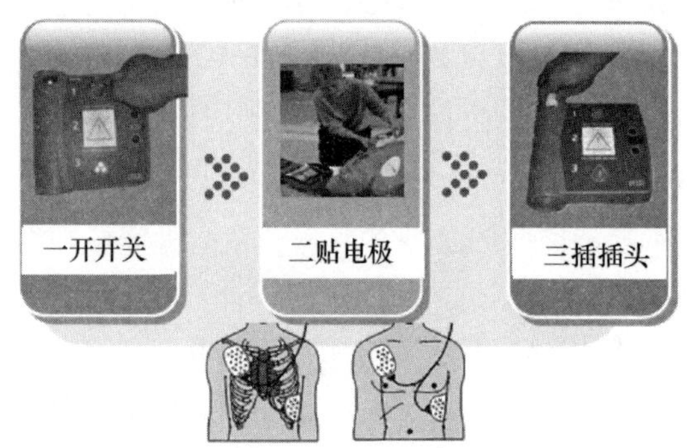

四除颤：AED将自动进行分析，通过语音提示按下除颤钮除颤。如不需要除颤，则会用语音提示做心肺复苏。

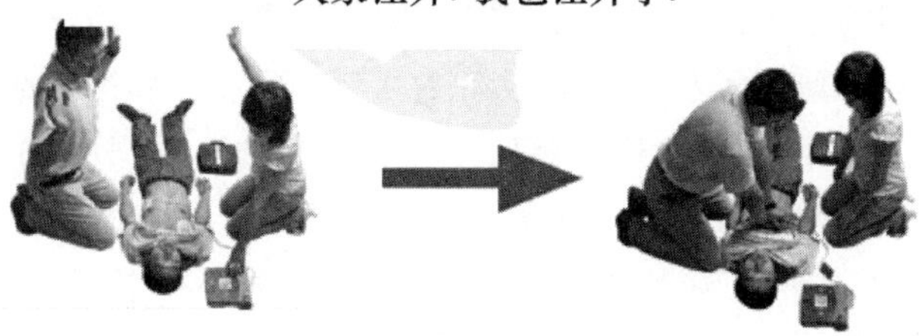

图 9-11 AED 使用操作步骤

AED 仅用于心脏骤停的伤病者，使用时一定要注意安全：(1) 使用前确认无人及金属接触伤病者，并确保电极片平整牢固（无折皱）地黏附在伤病者干燥的皮肤上。如伤病者有胸毛应除去，以免电击时皮肤被烧焦。(2) 除颤前将氧气瓶搬离营救地点，以免引发火灾。(3) 使用过程中要关注语音提示和屏幕信息。

AED使用的禁忌有以下几个方面:

(1) 伤病者处于潮湿的环境中。如果伤病者倒在水中,或处于身体周围有水的潮湿环境中,使用AED会使救助者和围观者触电。故必须将伤病者移开潮湿环境后,才可使用AED。

(2) 伤病者体内有植入式起搏器或除颤器。偶然情况下,起搏器和除颤器与AED有冲突。

(3) 伤病者身上有药物贴片,会阻止放电或致烧伤。

(4) 有儿童电极片的AED产品尽量用儿童电极片。

无AED时,可否胸前叩击呢?《美国心脏协会心肺复苏和心血管急救指南》指出:(1) 胸前叩击不应该用于无目击者的院外心脏骤停;(2) 在心室颤动的病例中进行胸前叩击不能恢复自主循环;(3) 与胸前叩击有关的报告中并发症包括胸骨骨折、骨髓炎、中风,以及诱发成人和儿童的恶性心律失常;(4) 胸前叩击不应延误开始心肺复苏或除颤的时间。

9.3 化学实验室紧急应变程序

9.3.1 平时要为应对紧急事故做好准备

安全工作必须坚持**预防为主**的原则,做到有备无患,防患于未然。平时既要设法避免发生事故,又要随时为可能发生的意外事故做好足够的应对准备(包括意识、知识和技能等方面)。一旦发生紧急事故,应设法使人身损伤和财产损失减至最低程度。这是实验工作者应具备的基本安全素质,也是安全教育和培训的重要目标。平时的准备主要在下述几个方面:

1. 准备应对受伤

个人应学习基本的急救知识,熟悉紧急洗眼器和紧急喷淋器的位置与使用方法,了解实验室急救药箱内各种药品和医疗器具的用途及使用方法。

2. 准备应对火警

个人应学会使用灭火器,熟知灭火器或其他灭火器材的摆放位置,熟知疏散(逃生)方向和通道,了解基本的逃生自救方法,知晓报警方法和报警电话,保持疏散通道的畅通,保持防火门的经常关闭。

安全管理人员应保证消防设备和器材的完好状态,制定消防应急预案,做好安全教育和消防演习,保持防火巡查,及时消除隐患。

3. 准备应对其他实验事故

做好实验前的准备工作对避免发生事故至关重要。

(1) 熟悉实验所用的化学试剂和仪器设备

实验者在设计实验方案时或实验开始之前应知晓该实验所用试剂(尤其是剧毒或易燃易爆危险试剂)的性质,对于不熟悉的化学试剂应查阅化学试剂手册。如果使用危险化学品,应查阅《危险化学品安全技术全书》、《常用危险化学品安全手册》等资料。

对于实验所用的仪器、设备,尤其是电热设备或压力设备,必须保证其运行状态正常、性能和质量可靠。不可盲目选用设备进行实验。

实验中使用危险化学品或进行具有一定危险性的实验,应选择合适的场所,严禁在不具备防护条件的场所贸然进行实验。

(2) 充分考虑实验潜在的危险性并谨慎地制定操作方案。分析和估计实验潜在的危险性,并在实验开始前制定好缜密的操作程序和安全防护措施。对于已知具有一定危险性的实验,不可一人单独操作或附近无其他人的情况下单独操作。对可能发生的意外事故做好充分的准备。

(3) 熟悉实验室的水、电、气阀门(开关)位置,以便出现意外事故时及时切断相应阀门(开关),防止事故蔓延。

9.3.2 一般紧急应变程序

发生火灾、爆炸等紧急事故时,首先应设法保护人身安全,在确保人身安全的前提下尽可能保护财产、实验记录,及控制事故蔓延。

1. 火警

若发现自己所在实验室起火,火小时应立即选用合适的灭火器材迅速灭火;火大或已危及生命时应尽快撤离(撤离前应争取切断电源、气源并关闭门窗),立即报警。

若发现他人实验室起火,应协助施救和报警。

若听见楼内火警警报,应保持镇定,听从消防广播的指挥。

2. 人身受伤

在紧急事故中若发生严重人身损伤,本人应设法向邻近人员求救,或给保安室、校医院拨打电话求援。必要时拨打120、999等急救电话。

在自己确知该如何完成准确的急救操作情况下对伤者进行恰当的应急处理。

事故周围的任何人都有义务立即协助抢救,或护送伤者去医院救治。

3. 人身着火

身上着火时切勿奔跑。如果现场有灭火毯,用毯裹住身体把火熄灭。

若附近有水源(紧急喷淋器、紧急洗眼器、水龙头等),向身上淋水灭火。

无外物借助时，应就地卧倒滚动身体以压灭火焰。

4. 受困电梯内

发生火灾时切勿使用电梯，因为电梯随时可能断电。若受困于电梯内，应采取下述办法求救：按动电梯内的黄色报警按钮(警钟)或利用对讲机与楼内保安中心联系求救；如果有手机，可拨打电梯内提供的救援电话或与楼内其他人员联系求救；如手机失灵或报警无效，可拍门叫喊。不可强行打开电梯门，破坏电梯会发生危险。应耐心等待，伺机求援。

5. 危险品泻溢

实验室若发生危险化学品泄漏，应采取下列应变措施：

情况不甚严重时，向同室人员示警；设法制止泄漏；如果涉及易燃气体和易燃液体，应关闭一切火源和热源；启动通风柜(易燃气体除外)并打开窗户；关闭实验室门，并寻求帮助。

情况严重时，向邻近人员示警；尽快离开现场；关闭实验室门；寻求帮助；报警。

思考题

1. 你所在实验室的最基本防护要求是怎样的？
2. 做实验时生石灰粉粒不慎溅入一同学眼睛，正确的现场应急处理方法是怎样的？
3. 触电事故发生时使触电者脱离低压电源的方法有哪些？又有哪些注意事项？
4. 烧伤现场该如何进行应急处理？
5. 什么场合可以实施心肺复苏术？具体操作步骤是怎样的？

主要参考资料

[1] Field J M, Hazinski M F, Sayre M R, et al. Part 1: executive summary: 2010 American Heart Association Guidelines for cardiopulmonary resuscitation and emergency cardiovascular care. Circulation, 2010,122: S640～S656.

[2] Benjamin Abella, et al. Part 5: adult basic life support: 2010 American Heart Association Guidelines for cardiopulmonary resuscitation and emergency cardiovascular care. Circulation, 2010,122: S685～S705.

[3] Andrew H Travers, Thomas, et al. Part 4: CPR overview: 2010 American Heart Association Guidelines for cardiopulmonary resuscitation and emergency cardiovascular care. Circulation, 2010,122: S676～S684.

[4] Office of Environmental Health and Safety, Yale University. Laboratory chemical hygiene plan [EB/OL]. http://www.yale.edu/ehs/documents/chem/chemical%20hygiene.pdf. 2006-06.

[5] EHS Office, MIT. Personal protective equipment hazard assessment form[EB/OL]. https://ehs.mit.edu/site/content/personal-protective-equipment-ppe. 2012-02.

[6] 岳茂兴，等. 危险化学品事故急救. 北京：化学工业出版社，2005.

[7] 孙维生. 常见化学危险品的危害及防治. 北京：化学工业出版社，2005.

第 10 章　实验室危险废物处理

根据《中华人民共和国固体废物污染环境防治法》，危险废物，是指列入《国家危险废物名录》或者根据国家规定的危险废物鉴别标准和鉴别方法认定的具有危险特性的固体废物。本章重点探讨实验室产生的化学危险废物处理问题。

10.1　化学危险废物的危害

实验室产生的化学危险废物包括液体化学废物、固体化学废物和气体化学废物。液体废物主要包括有机废液和无机废液。固态废物包括合成产物、分析产物、过期或失效的化学试剂等。气态废物包括试剂和样品的挥发物、使用仪器分析样品时产生的废气，以及在实验过程中产生的有毒有害气体等。

10.1.1　对人体的危害

化学危险废物对人体的危害主要有过敏、引起刺激、缺氧、昏迷和麻醉、中毒、致癌、致畸、致突变、尘肺等几种类型。当某些化学废物和皮肤直接接触时，可导致皮肤保护层脱落，引起皮肤干燥、粗糙、疼痛，甚至引起皮炎；和眼部接触可导致轻微伤害、暂时性的不适甚至永久性的伤残等。化学危险废物对人的伤害严重程度取决于中毒的剂量和采取急救措施的快慢。例如，人体慢性吸入苯，可引起头痛、头昏、乏力、苍白、视力减退和平衡失调；高浓度吸入能刺激鼻和喉，甚至死亡；高浓度苯蒸气对眼睛具有轻度刺激并产生水疱；液体苯能溶解皮肤的皮脂使皮肤干燥。氯化汞与皮肤和黏膜接触可发生溃疡；误服数分钟至数小时后，可引起恶心、呕吐、呕血、腹泻和便血，重症时可发生尿毒症，以至死亡。

含有重金属元素的化学危险废物随意排放经食物链进入人体，在相当长一段时间内可能不表现出受害症状，但潜在的危害性极大。如 20 世纪 50 年代，日本熊本县水俣市发生了震惊世界的公害事件，当地的许多居民都出现运动失调、四肢麻木、疼痛、畸胎等症状。人们把这种病称为水俣病，而且它还能遗传给子女。经考察发现，一家工厂排出的废水中含有甲基汞，使鱼类受到污染。人们长期食用含高浓度有机汞的鱼类，引起中毒而发病。该事件造成 1246 人死亡。

10.1.2　对环境的污染危害

化学危险废物若随意排放，不但使环境直接受到严重污染，环境状况日益恶化，而且有些化学危险废物在环境中经化学或生物转化形成二次污染物，危害更大。随意排放的废液直接进入水体，或通过渗透作用经土壤到达地下水，造成水质污染。有害废液中的有害成分被土壤吸附，可导致土壤成分和结构的改变及其生长植物的污染，以至无法耕种。例如，德国曾发生某冶金厂附近的土壤被有色冶炼渣污染，该土壤生长的植物体内含锌量为一般植物的 20～80 倍，铅为 80～260 倍，铜为 30～50 倍。

含有氮和磷的废液进入水体后会使封闭性湖泊、海湾形成富营养化，造成浮游藻类大量繁殖、水体透明度下降、溶解氧降低，从而威胁鱼类生存、水质发臭出现“赤潮”。英国科学家发现，长期生长在受污染水域中的大部分雄性鱼会变成两性鱼或雌性鱼。鸟类吃了含有杀虫剂的食物，产卵减少，蛋壳变薄而很难孵出小鸟，一些鸟类甚至濒临灭绝。氰化物等有害物质可严重污染江河湖泊，使水质恶化，对鱼类危害更甚。当水中氰化物浓度达到 $0.5\,mg \cdot L^{-1}$ 时，在 2 小时内鱼类会死亡 20%，一天内全部死亡。

1986 年，瑞士一家化工厂爆炸，近 30 吨硫化物、磷化物与含有水银的化工产品随灭火剂和水流入莱茵河，顺流而下 150 公里内，60 多万条鱼被毒死，500 公里以内河岸两侧的井水不能饮用，靠近河边的自来水厂关闭，啤酒厂停产。有毒物沉积在河底，使莱茵河因而“死亡”20 年。2000 年，罗马尼亚一家金矿的污水沉淀池因暴雨过后沉淀池积水暴涨发生漫坝，10 多万升含有大量氰化物、铜和铅等重金属的污水冲泄到多瑙河支流蒂萨河，并顺流南下，迅速汇入多瑙河向下游扩散，造成河鱼大量死亡、河水不能饮用，匈牙利、南斯拉夫等国深受其害，国民经济和人民生活都遭受了一定的影响。该起事故严重破坏了多瑙河流域的生态环境，并引发了国际诉讼。

10.2　化学危险废物的处理原则

化学危险废物不可倒入下水道，不能随意丢弃，实验室人员应根据化学危险废物的物理性质、组成、浓度、有害性、易燃易爆性等采取不同的处理方法。处置前应制定合理妥善的操作方案，对操作过程中可能出现的危险进行评估，制定缜密的应急预案，并严格按照操作规程进行处置。

在操作过程中若由于操作不慎、容器破损等原因，使有害物质遗洒或倾翻在地上造成污染时，要先将主要有害物质进行收集，再对残留的小量物质进行无害化处理。

化学危险废物能通过回收、提纯的方法再利用的，首先应采取有效方法进行回收提纯，尽可能减少废物的产生。没有回收利用价值的应采取必要的措施进行无害化处理，处理后的废物达到国家有关方面制定排放标准后可直接进行排放。不能进行无害化处理和提纯再利用的化学危险废物，应根据不同性质倒入废液回收桶或专有包装进行回收，统一收集处理时必须做好详细的记录。危险废物的容器包装必须经过妥善处置后方可他用或丢弃。

10.3 无害化处理的主要方法

对化学危险废物进行无害化处理，不仅可以避免化学危险废物对人的危害和环境的污染，还可以节约将化学危险废物送到专业厂家进行处理的费用。

根据化学危险废物产生的主要类型，对其进行无害化处理主要有以下几种方法：

1. 中和法

化学中和法是使废液发生酸碱中和反应，调 pH 至中性。

2. 沉淀法

沉淀法是根据废液的性质，加入合适的沉淀剂，并控制温度、pH 等条件，使化学危险废物生成溶解度很小的沉淀物或聚合物从废液中除去的方法。

3. 氧化法

氧化法是在处理废液中加入化学氧化剂，使有毒有害物质转化为无害或危害较小的物质。常用的氧化剂有臭氧和含氯化合物等。

4. 还原法

还原法利用重金属多价态的特点，在废液中加入合适的还原剂，使重金属转化为易分离除去的形式。常用的还原剂有铁屑、铜屑、硫酸亚铁、亚硫酸氢钠和硼氢化钠等。

5. 蒸馏法

蒸馏法是利用液体废物各组分的沸点不同，采用蒸馏或分馏将化学危险废物去除的一种方法。提纯后的溶液可以回收再利用。

6. 熔融法

熔融法是在溶剂中将熔点较低的金属加热熔化，杂质悬浮在溶剂表面或溶于溶剂，除去溶剂，提纯后的金属可再利用。

10.4 常见化学危险废物无害化处理

在化学危险废物处理过程中，往往伴随着产生有毒气体以及放热、爆炸等危险。因此，处理前必须充分了解废物的性质，密切注意反应现象，并对可能出现的意外做好预案。

1. 有毒有害气体

实验室产生的有毒有害气体必须经过吸附或吸收等方法处理后方可排放。如氯化氢、二氧化硫等酸性气体可用稀碱液吸收后，通过通风柜排出室外。

2. 无机废酸、废碱

无机废酸、废碱一般采取酸碱中和的办法，中和后调节 pH 至中性。如无机废酸用氢氧化钙溶液或废碱中和，废碱用盐酸或废酸中和，反应后调节 pH 至中性。

3. 有机废溶剂

有机实验室用量最大的是有机溶剂，实验室废液也主要来源于有机溶剂。目前最环保、经济的做法是实验室自行回收利用。回收提纯一般多采用蒸馏或分馏提纯的方法，通过此种方法回收提纯的溶剂基本可以再次使用。

4. 含氰废液

含氰废液处理方法很多，例如可采用氯氧化法、双氧水氧化法等来破坏氰化物，也可使用铁盐沉淀法或多硫化物法将氰化物转化为低毒物。氯氧化法是使用较为普遍的一种方法。氧化反应分两步进行，第一步是剧毒的氰化物被氧化成毒性相对较低的氰酸盐，

$$CN^- + ClO^- \longrightarrow CNO^- + Cl^-$$

第二步是氰酸盐被进一步氧化成 CO_2 和 N_2，

$$2CNO^- + 3ClO^- + H_2O \xrightarrow{pH=8} 2CO_2 + N_2 + 3Cl^- + 2OH^-$$

反应的 pH 是关键因素，第一步必须在碱性条件下进行，在 $pH<8.5$ 时即有放出氰化氢的危险。一般选择 pH 9.5～10.5，既满足第一步的要求，又满足金属离子形成氢氧化物的条件。

5. 含银废液

在废液中加入盐酸调节 pH 为 1～2，得到氯化银的白色沉淀，将得到的白色固体过滤回收。

6. 含铅废液

加入氢氧化钙，调节 pH 至 10，使 Pb^{2+} 生成氢氧化铅沉淀，加入硫酸亚铁作为共沉淀剂，调节 pH 至 7～8，过滤沉淀。

7. 含汞废液

加入硫化钠，使其生成硫化汞沉淀，调节 pH 至 8，然后加入硫酸亚铁作为共沉淀剂，使过量的硫化钠与硫酸亚铁反应生成硫化铁沉淀，硫化铁可吸附悬浮于水中的硫化汞微粒进行共沉淀，分离沉淀。

8. 含砷废液

向废液中加入氢氧化钙，控制废液 pH 至 8 左右，使其转化为砷酸钙或亚砷酸钙盐的沉淀，加入三氯化铁作为共沉淀剂，分离沉淀。

9. 含铬(Ⅵ)废液

在酸性条件下加入硫酸亚铁，使 Cr(Ⅵ)转变成毒性较低的 Cr(Ⅲ)。再向废液中加入废碱液或石灰，调节 pH 至 10，使其生成低毒的氢氧化铬沉淀，分离沉淀后集中处理。

10. 含镉废液

向含镉废液中加入氢氧化钙,调节 pH 至 10～11,加入硫酸亚铁作为共沉淀剂,分离沉淀。

11. 含酚废液

低浓度含酚废液加入次氯酸钠溶液使酚氧化成二氧化碳和水,反应方程式如下:

$$C_6H_6O+14NaClO = 6CO_2+3H_2O+14NaCl$$

高浓度时加入氢氧化钠溶液进行萃取,调节 pH 至酸性,蒸馏、提纯后可再使用。

12. 金属钠皮

将回收的金属钠皮放入圆底烧瓶中,瓶内放入溶剂(液体石蜡或甲苯),加热回流,使金属钠完全熔融。待金属钠完全熔融后,停止加热。将圆底烧瓶中熔融的金属钠和溶剂趁热倒入蒸发皿中,使之自然冷却。待金属钠凝固后,倾去溶剂,用切钠刀将固化的金属钠切成块状放入含有煤油或石蜡的试剂瓶中保存。

10.5 集中回收、统一消纳

对于实验室产生的没有回收利用价值的化学危险废物,不可随意丢弃,必须进行统一回收,集中后送到专业回收处理单位进行消纳。统一回收和暂存化学危险废物时应注意以下几点:

(1) 实验室产生的废溶剂能回收的应尽量回收再利用。废弃的反应液必须先用合适的方法淬灭。化学废液按其产生的类别可分为含卤有机物废液、一般有机物废液、无机物废液,应分类存放和回收。

(2) 向废液回收桶内倒入废液时应小心谨慎,应仔细察看《化学废物记录单》,确保将要倒入桶内的废液不和已有的废液发生反应,并应及时在《化学废物记录单》上登记。

注意以下废液成分不能混合:

- 过氧化物与有机物;
- 氰化物、硫化物、次氯酸盐与酸;
- 盐酸、氢氟酸等挥发性酸与不挥发性酸;
- 浓硫酸、磺酸、羟基酸、聚磷酸等酸类与其他的酸;
- 铵盐、挥发性胺与碱。

(3) 具有强刺激性气味或剧毒的废液应单独倒入专有回收容器,并放置在剧毒化学品库房暂存。原器皿须用合适溶剂至少涮洗一遍,涮洗后的溶剂也应倒入专有回收容器。

(4) 禁止将无毒、无害、剧毒等废液或放射性物质倒入废液回收桶。严禁将废旧化学试剂及化学废液倒入垃圾桶作为普通垃圾处理。

(5) 废液回收桶不得装满,废液体积不得超过桶体容积的 90%。废液回收桶宜放置在室内通风较好的位置,平时应把桶盖拧严。

(6) 含有放射性核素的动物尸体应暂存在专有回收容器或冰箱内,含有放射性核素的化学废物应在放射性废物库房内暂存。

思考题

1. 化学危险废物的处理原则是什么?
2. 对化学危险废物进行无害化处理主要有哪几种方法?
3. 如何对金属钠皮进行回收提纯再利用?
4. 向废液回收桶内倒废液时,哪些类型的废液不能混合?

主要参考资料

[1] 赵美萍,邵敏. 环境化学. 北京: 北京大学出版社,2006.

[2] 王家琪. 关于化学实验室废液处理的探讨. 化学教育,1998,3: 30～31.

[3] 吕明泉,焦书明. 实验室常见有毒有害废液的危害及无害化处理. 实验技术与管理,2006,23(4): 123～125.

[4] 张胜寒,赵翠仙,许勇毅. 实验室中废液处理及贵金属回收. 天津化工,2006,20(2): 50～51.

附　录

附录1　化学实验室安全制度

一、在实验室工作的所有人员都必须坚持安全第一、预防为主的原则，都应熟悉实验室安全制度和其他有关安全的规章制度，掌握消防安全知识、危险品化学安全知识和化学实验的安全操作规程。实验室安全负责人应定期进行安全教育和检查。实验课指导教师和研究生导师都有责任对学生进行实验前的安全教育，并要求学生遵守实验室的安全制度。

二、未经学院批准，实验室不得擅自安排院外人员做实验。新进实验室做实验的人员(含研究生、本科生、临时人员等)均须经过安全培训和考核。实验室短期聘用院外人员需填写"化学学院短期聘用人员登记表"，经院部批准后方可进实验室做实验。

三、实验人员应熟悉室内天然气、水、电的总开关所在位置及使用方法。遇有事故或停水、停电、停气，或用完水、电、气时，使用者必须及时关好相应的开关。

四、实验人员应熟悉安全设施(如灭火器、灭火毯、紧急洗眼器、急救药箱等)的位置及使用方法；灭火器使用后不可放回原处，使用者应及时报告院安全员或院办公室进行更换；应熟悉化学楼的疏散通道和自己所在位置的疏散方向。

五、进行具有危险性的新实验的任何人员都必须事先制定缜密的操作规程并严格遵守，应熟悉所用试剂及反应产物的性质，对实验中可能出现的异常情况应有足够的防备措施(如防爆、防火、防溅、防中毒等)；进行具有危险性实验(如剧毒、易燃、易爆等)的过程中，房间内不应少于2人，操作者必须佩戴防护器具(防护镜、口罩、手套等)；危险性很大的实验(如高压实验、放大试验，以及能产生危险气体而危及本人或周围人员人身安全的实验)不可在化学楼内进行。

六、实验进行中操作者不得随意离开实验室，具有安全保障和仪器运行可靠的实验可短时间离开，但离开时必须委托他人暂时代管实验。

七、非工作需要不得在实验室过夜。学生因工作需要过夜时，必须将导师或实验室主任批准并签字的材料预先交门卫值班室备案，深夜做实验时尽可能有2人或2人以上同在。

八、实验室严禁吸烟。

九、在化学实验室不准穿拖鞋、凉鞋，禁止佩戴隐形眼镜。

十、实验室化学试剂管理应按化学学院《关于实验室化学试剂管理的若干规定》进行。所有化学试剂及其溶液均不得敞口存放，均须保持清晰的标签。严禁往下水口、垃圾道倾倒有机溶剂和有毒、有害废物，有毒有害废液和废旧试剂须按化学学院的规定进行收集和处理。

十一、贵重金属、贵重试剂、剧毒试剂及放射性同位素，都应有专人负责保管。

十二、氢气瓶、乙炔瓶等危险钢瓶必须放在室外指定地点（钢瓶间或阳台），放在室内的钢瓶必须采用适当方式进行固定，应经常检查是否漏气，严格遵守使用钢瓶的操作规程。

十三、不得使用运行状态不正常（待修）的仪器设备进行实验，不得运行因震动大或噪声大而对周围实验室造成干扰的设备，不得超负荷使用电源和器件（配电箱、插座、插销板、电源线等），不得使用老化或裸露的电线，不得擅自改接电源线，不得遮挡实验室的电闸箱、天然气阀门和给水阀门，不得擅自在实验室进行电焊或气焊。

十四、不得在非放射性实验室使用放射性同位素。

十五、本科生论文导师和研究生导师出差、出国，必须委托其他教师管理学生和实验室安全，并预先写好委托书交实验室主任和院办公室各一份。

十六、不宜将儿童带进化学楼，尤其不可带进化学实验室。若因儿童不慎而引起事故，其监护人应承担全部责任。

十七、最后离开实验室的人员，有责任检查水、电、气及窗户是否关好，锁好门再离开。

十八、实验室发生事故时应立即报告院办公室或门卫值班室，并尽快写出事故报告。化学学院视事故性质及损失情况将对事故责任者分别予以批评、通报、罚款、行政处分直至依法追究责任。

十九、若发现严重安全隐患，院综合管理委员会，各系、所、中心负责人和实验室主任都有权要求某实验室（或学术小组）限期或停工整顿。各学术小组组长应定期对实验室进行安全检查，学术小组可指定1名安全员配合实验室主任开展安全管理工作。

二十、各系、所、中心应参照本制度建立本单位的实验室安全管理的具体制度或实施细则。各实验室应结合本室具体情况为学生提供安全须知或指南。

北京大学化学与分子工程学院

（1985年制定，2005年第四次修订）

附录2 实验室安全责任书(范本)

(学术组长—组内人员)

为了保证本组人员(教职工、研究生、本科生、其他短期实验人员或临时聘用人员)在实验室期间的人身安全,维护化学楼的整体安全,防止发生事故,学术小组负责人与本组每个成员签订实验室安全责任书。

本责任书的基本条款由化学学院综合管理委员会编写。各学术小组可以根据本组工作特点,在本责任书的第三条中增加与安全相关的其他约定内容。

甲方:学术小组组长

乙方:本组成员

一、甲方的责任

1. 与每一位新加入本学术小组的各类人员(乙方)及时签订本责任书。

2. 根据本学术小组特点对乙方进行安全教育,介绍相关的安全管理制度、本组及乙方所从事的实验工作的危险因素和相应的安全须知。

3. 结合实验的性质,向乙方介绍或提供相关的安全参考资料。

4. 向乙方提供实验操作规程并进行操作指导,监督乙方按照操作规程进行实验,及时纠正违规行为。

5. 为乙方提供实验过程中必要的防护器具。

6. 认真听取乙方对安全方面的意见和建议。

7. 对实验室进行安全检查,及时发现和消除安全隐患,本组不能解决的问题及时向本单位实验室主任或化学学院报告。

二、乙方的责任

1. 认真参加化学学院组织的安全培训和考试,未参加安全培训或考试不合格者暂不能进实验室做实验。

2. 接受甲方的安全教育及操作培训,知晓本组和自己的实验工作可能存在的危险因素及相应防范措施。

3. 认真执行化学实验室安全制度和化学学院有关的安全管理制度,保证在实验室工作过程中杜绝下列违规行为:

(1) 违反操作规程进行实验;

(2) 进行具有一定危险性的实验过程中离开实验室;

(3) 违章改接电线；

(4) 向下水口倾倒有害、有毒、有刺激性气味的试剂和废液；

(5) 违规储存或使用剧毒试剂；

(6) 在楼道及其他室内外安全通道放置化学试剂、化学废液或堆放其他物品；

(7) 进行化学实验时不佩戴必要的防护器具(实验服、防护眼镜、防护手套等)；

(8) 未经甲方许可非工作需要在实验室过夜。

4. 每天最后离开实验室时，认真检查实验室安全(水、电、气、仪器设备等)，确认安全后方可离开实验室。

5. 若发生安全事故或意外造成一定损失和不良影响的，当事人应及时向甲方及甲方所在单位安全负责人口头报告，并于24小时内写出书面报告，经甲方审阅签字后上报化学学院综合管理委员会。

三、双方约定的其他内容

本责任书一式三份，甲乙双方签字后各执一份，另一份交本单位实验室主任备案。

甲方签字：　　　　　　　　　　　　年　　月　　日

本人对化学学院及本组的各项安全管理制度已经知晓，若因违规操作而发生安全事故，本人愿意接受学术小组及化学学院的处罚，并承担相应的责任。

乙方签字：　　　　　　　学号或身份证号：

年　　月　　日

附录3 常见化学毒性物质中毒症状与急救方法

品 名	主要症状	急救方法
氨	急性中毒：可出现流泪、咽痛、声音嘶哑、咳嗽、痰带血丝、胸闷、呼吸困难，伴有头晕、头痛、恶心、呕吐、乏力、紫绀、呼吸加快、肺部罗音等。严重者可发生肺水肿、成人呼吸窘迫综合征，甚至窒息。	迅速脱离现场，转移至空气新鲜处，大量清水冲洗眼和皮肤，保持呼吸道畅通，必要时适当给氧，也可吸入温水蒸气，及时去除口、鼻分泌物。如发现口腔、咽喉溃烂，肺部严重损害症状和眼、皮肤灼伤者，应尽快到附近医院救治。
苯	急性中毒：主要对中枢神经系统产生麻醉作用，出现昏迷、意志模糊、兴奋和肌肉抽搐。高浓度的苯对皮肤有刺激作用。慢性中毒：神经系统受损和出现造血障碍，有鼻出血、牙龈和皮下出血等临床表现。可致癌和苯白血病。	吸入：立即脱离现场至空气新鲜处，给氧。皮肤接触：用肥皂水和清水冲洗污染的皮肤。误服：洗胃，可给予葡萄糖醛酸，注意防治脑水肿，心搏未停者忌用肾上腺素。慢性中毒：脱离接触，对症处理。有再生障碍性贫血者，可给予小量多次输血及糖皮质激素治疗。
苯酚	吸入可引起头痛、头昏、乏力、视物模糊、肺水肿等。误服可引起消化道灼伤，呼出气带酚气味，呕吐物或大便可带血，可发生胃肠道穿孔，并可出现休克、肝或肾损害。皮肤灼伤：创面初期为无痛性白色起皱，后形成褐色痂皮。	误服：给服植物油催吐，后微温水洗胃，再服硫酸钠。消化道已有严重腐蚀时勿给予上述处理。皮肤接触：可用50%酒精擦拭创面或用甘油、聚乙二醇或聚乙二醇和酒精混合液(7∶3)抹皮肤后，立即用大量流动清水冲洗，再用饱和硫酸钠溶液湿敷。
丙烯腈	对呼吸中枢有直接麻醉作用。轻者出现头疼、乏力、恶心、呕吐、腹痛、腹泻及黏膜刺激症状。重者胸闷、意志丧失、呼吸困难、心悸、昏迷、大小便失禁、全身阵发性抽搐、紫绀、心律失常，直至死亡。	吸入：迅速转移至空气新鲜处，对呼吸困难者在给氧治疗的同时要进行人工呼吸(勿口对口)或吸入亚硝酸异戊酯。皮肤接触：用肥皂水和清水清洗。误服：用1∶5000高锰酸钾或5%硫代硫酸钠洗胃，然后可灌入少量活性炭、硫酸钠，以吸附毒物，促进排泄。
敌敌畏	轻者头晕、头痛、恶心呕吐、腹痛、腹泻、流口水、瞳孔缩小、看东西模糊、大量出汗、呼吸困难。严重者，全身紧束感、胸部压缩感、肌肉跳动、抽搐、昏迷、大小便失禁，脉搏和呼吸都减慢，最后均停止。	误服：立即彻底洗胃，神志清楚者口服清水或2%小苏打水，接着用筷子刺激咽喉部，反复催吐。肌肉抽搐可肌肉注射少量安定，及时清理口鼻分泌物，保证呼吸道畅通。适量注射阿托品，或氯磷定与阿托品合用，药效有协同作用，可减少阿托品用量。

续表

品　名	主要症状	急救方法
叠氮(化)钠	急性中毒：主要出现头晕、长时间较剧烈头痛、全身无力、血压下降、心动过缓和昏迷。该品在有机合成中可有叠氮酸气体逸出，吸入中毒会出现眩晕、虚弱无力、视觉模糊、呼吸困难、昏厥感、血压降低、心动过缓等。	吸入：迅速脱离现场至空气新鲜处，如呼吸困难，给氧；如呼吸停止，立即进行人工呼吸。误服：饮足量温水，催吐，洗胃。皮肤接触：脱去污染的衣物，用肥皂水和清水彻底冲洗皮肤。眼睛接触：提起眼睑，用流动清水或生理盐水冲洗。
二氧化氮	轻度中毒：可有咽部不适、干咳、胸闷等呼吸道刺激症状及恶心、无力等。中度中毒：常在吸入后 24 小时内上述症状加重，伴食欲减退、轻度胸痛、呼吸困难，体温可略升高。重度中毒：可见明显紫绀、极度呼吸困难，常可危及生命。	迅速脱离现场，转移至空气新鲜处，平卧、安静、保暖，必要时给氧。可对症服用镇咳、镇静药物和支气管舒缓剂等。还可用 2%碳酸氢钠溶液和地塞米松按 2∶1 比例用氧气作动力雾化吸入。注意防止肺水肿，纠正电解质紊乱和酸中毒。
氟乙酸	引起机体代谢障碍，以神经系统和心脏的混合型反应为主。先呕吐、过度流涎、上腹疼痛、精神恍惚、恐惧感、四肢麻木、肌肉颤动、视力障碍等，重者可因心跳骤停、抽搐发作时窒息或中枢性呼吸衰竭而死亡。	迅速转移至空气新鲜处，呼吸困难时吸氧、进行心脏按压。患者清醒时立即漱口、大量饮水催吐，用 1∶5000 高锰酸钾洗胃，然后服蛋清、牛乳等液体保护胃黏膜。解毒药物可用甘油一醋酸酯(醋精)或乙酰胺(解氟灵)，对氟乙酸中毒有一定疗效。
镉	日常生活中镉中毒主要是长时间食入镀镉容器里面的食品引起。表现为恶心、呕吐、腹痛、腹泻等胃肠道刺激症状，严重者伴有眩晕、大汗、虚脱、上肢感觉迟钝，甚至出现抽搐、休克。慢性镉中毒主要损害肾功能。	应迅速脱离现场至空气新鲜处，保持安静，卧床休息。误服镉化物应及时给予催吐、洗胃和导泻。重症者为预防肺水肿，宜早期、足量、短程应用糖皮质激素。驱镉治疗可选用依地酸二钠钙或巯基类络合剂，并随时观测肾功能指标以确定用量。
汞	吸入高浓度汞蒸气后口中有金属味，呼出气体也有气味，头痛、头晕、恶心、呕吐、腹泻、全身疼痛、体温升高、牙齿松动、牙床及嘴唇有硫化汞的黑色、肾功能受损。皮肤接触后会出现红色斑丘疹，严重者出现剥脱性皮炎。	吸入：应立即撤离现场，换至空气新鲜、通风良好处，有条件的还应全身淋浴和给氧吸入。驱汞治疗可用二巯丙磺钠肌肉注射或二巯丁二钠静脉注射。如出现肾功能损伤，慎用驱汞治疗，应以治疗肾损害为主。误服少量金属汞不必治疗，可由粪便排出。
甲醇	先后出现中枢神经系统症状和酸中毒，尤其以视神经、视网膜损害为主要特征。如头晕、步态不稳、意识障碍、视物模糊、眼前黑影、幻视、复视等。误服者上述症状及胃肠不适更为严重。另外，肝、肾也易受损害。	吸入：应迅速撤离现场，移至空气新鲜处并保持呼吸道的通畅，必要时给氧。误服：在清醒时可催吐，用稀碳酸氢钠溶液洗胃，硫酸钠导泻以排除甲醇。酸中毒或视神经损害者进行对症治疗。救治过程中应始终用软纱布遮盖双目以防光刺激。

续表

品　名	主要症状	急救方法
甲基肼	吸入甲基肼蒸气可出现鼻、眼、咽喉部刺激症状，流泪、喷嚏、咳嗽，以后可见眼充血、支气管痉挛、呼吸困难，继之恶心、呕吐。皮肤接触引起灼伤。慢性长期吸入甲基肼蒸气可致轻度高铁血红蛋白形成，引起溶血。	吸入：迅速转移至空气新鲜处，必要时给氧、进行人工呼吸。误服：立即漱口，饮牛奶或蛋清催吐，大量清水洗胃。皮肤接触：脱去污染衣物，用清水或生理盐水冲洗皮肤至少15分钟。眼睛、皮肤灼伤可用稀硼酸溶液清洗，然后再分别进行适当治疗。
甲醛	吸入中毒轻者鼻、咽、喉部不适和灼烧感，重者可引起咳嗽、吞咽困难、支气管炎、肺炎，偶尔引起肺水肿。对眼和皮肤有刺激作用。误服者口、咽、食管和胃部出现灼烧感、上腹疼痛、呕吐、腹泻和肝肾功能损害等。可致癌、致畸形。	吸入：迅速移至空气新鲜处，必要时给氧，可雾化吸入2%碳酸氢钠、地塞米松等。误服：可催吐并用温清水洗胃，然后可服少量稀碳酸铵或醋酸铵，使甲醛转化为毒性较小的六次甲基四胺。皮肤接触：先用大量清水冲洗，再用稀碳酸氢钠或肥皂水洗涤。
硫酸二甲酯	急性中毒：有眼和上呼吸道刺激症状。畏光、流泪、结膜充血、眼睑水肿或痉挛、咳嗽、胸闷、气急、紫绀，还可发生喉头水肿或支气管黏膜脱落致窒息、肺水肿、成人呼吸窘迫症。误服灼伤消化道。还可致眼、皮肤灼伤。	吸入：迅速脱离现场至空气新鲜处，保持呼吸道通畅，如呼吸困难，给氧；如呼吸停止，立即进行人工呼吸。误服：用水漱口，给饮牛奶或蛋清。皮肤接触：立即脱去污染的衣物，用大量流动清水冲洗。眼睛接触：立即提起眼睑，用大量流动清水或生理盐水彻底冲洗。
铝	虽然铝的毒性不是很高，但摄入过量的铝对骨骼有损害，也会对大脑造成损伤。铝元素吸收多了，会积聚在肝、脾、肾等部位，会对消化道吸收磷发生抑制作用，还会抑制胃蛋白酶的活性，妨碍人体的消化吸收功能。	减少从食物中摄入铝，尽可能少地食用粉丝、油条以及用铝盐发酵粉制作的面食。减少通过铝制炊具进入人体的铝量。减少从药物摄入铝，少用或不用含铝的抗酸剂。减少自来水内的含铝量，尚需在沉淀水等环节少用含铝量多的物质。
氯	吸入氯气后会迅速发病，很快出现眼和上呼吸道的刺激反应，流泪、喉管强烈的灼痛、咳嗽、胸闷、气急、呼吸紧迫；有时伴有恶心、呕吐、食欲不振、腹痛、腹胀等胃肠道反应和头晕、头痛、嗜睡等症状。严重者可造成致命性损害。	立即将病人移离现场至空气清新处，脱去污染衣物，对染毒皮肤及时用大量流动清水冲洗。呼吸困难时充分给氧，保持呼吸道通畅，注意安静、保暖，避免活动，防止病情加重。眼、鼻污染时，可用2%碳酸氢钠清洗并滴抗生素眼药水。
氯化钡	误服者先期头晕、耳鸣、气短、全身无力、口周麻木，继而恶心、呕吐、腹部疼痛、腹泻，数小时后出现周身麻木、四肢发凉、肌肉麻痹、肢体活动障碍、瞳孔反射受阻，偶尔会伴有体温升高、低血钾等症状。重者可因呼吸麻痹致死。	误服：立即漱口，用温水或5%硫酸钠溶液洗胃，然后再灌服少量硫酸钠，以与胃肠内未被吸收的钡结合成难溶、无毒的硫酸钡排出。还要注意及时补充钾盐，这是治疗钡中毒的重要措施之一。皮肤接触：可用温清水冲洗后用10%葡萄糖酸钙湿敷。

续表

品　名	主要症状	急救方法
氯磺酸	急性中毒：其蒸气对黏膜和呼吸道有明显刺激作用。主要临床表现有气短、咳嗽、胸痛、咽干痛、流泪、恶心、无力等。吸入高浓度该品可引起频繁剧烈咳嗽、化学性肺炎、肺水肿。皮肤接触氯磺酸液体可致重度灼伤。	吸入：迅速脱离现场至空气新鲜处，注意保暖，保持呼吸道通畅，必要时进行人工呼吸。皮肤、眼睛接触：立即脱去污染的衣物，用流动清水冲洗。若有灼伤，按酸灼伤处理。误服：患者清醒时立即漱口、催吐，洗胃，给饮牛奶或蛋清保护胃黏膜。
尼古丁（烟碱）	作用于植物神经、中枢神经及运动神经末梢，先兴奋，后抑制。轻者头痛、恶心、腹痛、流涎、心动过速、心区疼痛、血压升高、呼吸加快、视听觉障碍等，重者抽搐频繁、精神错乱和虚脱，常死于呼吸和心脏停搏。	吸入：呼吸新鲜空气，注意保暖，必要时给氧、进行人工呼吸。误服：立即漱口，催吐，用1∶5000高锰酸钾或1%～3%鞣酸溶液或浓茶水洗胃，促使烟碱沉淀，减少吸收。肠内残余烟碱可用硫酸镁导泻。皮肤接触：立即用大量清水或浓茶水和肥皂水彻底清洗干净。
砒霜	急性中毒：多为急性口入中毒，症状为急性肠胃炎、胃肠道黏膜水肿和出血、休克、中毒性心肌炎、肝炎，以及抽搐、昏迷等神经系统损害症状，重者可致死。慢性中毒：主要表现为神经衰弱综合征、肝损害、鼻炎、支气管炎等。	迅速离开现场，立即漱口，饮牛奶或蛋清催吐，尽快用生理盐水或1%碳酸氢钠溶液和温清水洗胃，然后再用蛋白水(4只鸡蛋清加温开水1杯拌匀)、牛奶或活性炭进行吸附。解毒药物首选二巯基丙磺酸钠，其次是二巯基丁二酸钠。还要防治脱水、休克和电解质紊乱。
强碱	接触者主要表现为局部红肿、水泡、糜烂、溃疡等。吸入中毒症状主要是剧烈咳嗽、呼吸困难、喉头水肿、肺水肿，甚至窒息。误服后导致口腔、咽部、食道及胃烧灼痛、腹部绞痛、流涎、排出血性黏液粪便、口和咽处可见糜烂创面等。	误服：切忌洗胃、催吐，用弱酸如食醋、橘汁、柠檬汁、3%～5%醋酸等口服，继之服用生鸡蛋清加水、牛奶、植物油，保护消化道黏膜。皮肤接触：大量流动水持续冲洗，清水冲净后，可用3%硼酸溶液或2%醋酸溶液湿敷。如有烧伤，按其指定要求处理。
强酸	吸入者出现呛咳(重者咳出血性泡沫痰)、胸闷、呼吸困难、青紫、喉头水肿，甚至导致窒息。皮肤接触：致局部灼伤、疼痛、红肿、有水泡、坏死、溃疡，以后形成疤痕。误服可致口腔、咽、食道、胃部均有烧灼伤，可发生穿孔。后期可伴肝、肾、心脏损害。	误服：强酸类误服中毒时，一般禁忌催吐和洗胃，以防止食道和胃壁的损伤。应立即选服2.5%氧化镁溶液或石灰水上清液、氢氧化铝凝胶等。吸入：给氧，用2%～5%碳酸氢钠溶液雾化吸入。皮肤接触：可用大量清水冲洗，或用4%碳酸氢钠溶液冲洗，生理盐水洗净后，再按灼伤治疗。
氢氟酸	吸入后迅速出现眼痛、流泪、流涕、喷嚏、鼻塞、嗅觉减退或丧失、声音嘶哑、支气管炎、肺炎或肺气肿等。皮肤接触后会局部疼痛或灼烧伤，严重时剧烈疼痛，皮损初起为红斑，迅速转为白色水肿，最后形成棕色或黑色焦痂。	皮肤接触：立即用大量流水作长时间彻底冲洗，氢氟酸灼伤治疗液(5%氯化钙20 mL、2%利多卡因20 mL、地塞米松5 mg)浸泡或湿敷。以冰硫酸镁饱和液作浸泡。现场应用石灰水浸泡或湿敷易于推广。勿用氨水作中和剂。如有水泡形成，应作清创处理。

续表

品 名	主要症状	急救方法
氰化钾	抑制呼吸酶。轻者可分为前驱区、呼吸困难区、痉挛区、麻痹区四个阶段，但无明显界线。主要表现为呼吸困难、乏力、头疼、口腔发麻、皮肤呈鲜红色、抽搐、昏迷、心律失常、血压下降、呼吸衰竭等。重者骤死。	吸入：迅速转移至空气新鲜处，保证呼吸道畅通，对呼吸困难者要给氧治疗，必要时要进行人工呼吸(勿口对口)或吸入亚硝酸异戊酯。皮肤接触：用肥皂水和清水清洗。误服：漱口、催吐，用1∶5000高锰酸钾或5%硫代硫酸钠洗胃。
三氯甲烷	急性中毒：头痛、头晕、恶心、呕吐、兴奋、皮肤湿热和黏膜刺激症状，以后呈现精神紊乱、呼吸表浅、反射消失、昏迷等。重者发生呼吸麻痹、心室纤维性颤动，同时可伴有肝、肾损害。可致癌。	吸入：迅速移至空气新鲜处保温，吸入氧气或含有二氧化碳的氧气。静脉滴注高渗葡萄糖液以促进排泄，酌用其他电解质以纠正脱水及酸中毒；若少尿或无尿，可适当应用甘露醇。误服：可催吐并以温开水彻底洗胃。皮肤接触：迅速清洗，防止皮损。
四乙基铅	剧烈神经毒物。急性中毒：头痛、头晕、全身无力、情绪不稳、植物神经紊乱、噩梦、健忘、兴奋或忧虑，伴有运动失调，肢体震颤，血压、体温、脉率三低症，严重者虚脱死亡。慢性中毒：神经衰弱综合征、三低症等。	立即将患者移离现场，脱去污染衣物，用肥皂水或清水彻底清洗污染的皮肤、指甲和毛发。大量饮水、催吐，用稀硫代硫酸钠溶液洗胃。解毒药可用巯乙胺肌肉注射或缓慢静脉注射，以络合四乙基铅，或加进1%葡萄糖溶液250 mL中静脉滴注。
铊	为强烈的神经毒物，对肝、肾有损害作用。急性中毒：数日后双下肢疼痛、过敏、明显脱发、视力减退、指甲和趾甲会出现白色横纹等。慢性中毒：早期头痛、头晕、恶心、呕吐、腹痛等，随后会出现急性中毒的部分症状。	立即催吐、洗胃(可用1%的碘化钠或碘化钾溶液，使之形成不溶性碘化铊。随后口服活性炭0.5 g/kg体重，以减少铊的吸收)、导泻。然后要及时应用普鲁士蓝，一般为每日250 mg/kg体重，分4次，溶于50 mL 15%甘露醇中口服。对严重中毒病例，可以使用血液净化疗法。
五氧化二钒	对呼吸系统和皮肤有损害作用。急性中毒：可引起鼻、咽、肺部刺激症状，多数人有咽痒、干咳、胸闷、全身不适、倦怠等表现，部分患者可引起肾炎、肺炎。慢性中毒：长期接触可引起慢性支气管炎、肾损害、视力障碍等。	吸入：迅速脱离现场至空气新鲜处，注意保暖，必要时进行人工呼吸。误服：给饮大量温水，催吐，大量维生素C与依地酸二钠钙的联合使用可加速钒的排出。皮肤接触：脱去污染的衣物，立即用流动清水彻底冲洗。眼睛接触：立即提起眼睑，用流动清水冲洗。
溴	当浓度不大时，咳嗽、鼻出血、头晕、头痛，有时呕吐、泻肚、胸部紧束感；浓度大时，小舌呈褐色、口腔有黏液、呼出的空气有特殊的气味、眼睑水肿、咽喉水肿、伤风、剧咳、声音嘶哑、抽搐，还可伴有化学性肺炎或肺水肿。	吸入：迅速脱离现场，转移至空气新鲜处，平卧、安静、保暖，必要时给氧，如呼吸道损害严重，可给舒喘灵气雾剂、喘乐宁或2%碳酸氢钠加地塞米松等雾化吸入。用稀碳酸氢钠溶液洗眼、嘴、鼻。皮肤灼伤：用1体积25%氨加1体积松节油加10体积乙醇清洗。

续表

品　名	主要症状	急救方法
乙醚	急性中毒：主要是呼吸道刺激症状、流涎、呕吐、面色苍白、体温下降、瞳孔散大、呼吸表浅而不规则，甚至呼吸突然停止，或出现脉速而弱、血压下降以至循环衰竭。有时伴有头昏、精神错乱、癔症样发作等症状。	吸入：迅速移至空气新鲜处，给氧或给吸入含二氧化碳的氧气。有呼吸障碍时，酌用适量呼吸中枢兴奋药，必要时进行人工呼吸。误服：口服或灌入适量蓖麻油，继之催吐，并用温开水洗胃，至无乙醚味为止。如有肺水肿等症状，速作相应处理。
一氧化碳	轻度中毒：头痛、眩晕、恶心、呕吐等。中度中毒：除上述症状外，迅速发生意识障碍、全身软弱无力、瘫痪、意识不清，因症状逐渐加深而致死。重度中毒：迅速昏迷，很快因呼吸停止而死亡。经抢救存活者可有严重并发症及后遗症。	立即将病人转移至空气新鲜处，松解衣服，但要注意保暖。对呼吸心跳停止者立即行人工呼吸和胸外心脏按压，并肌注呼吸兴奋剂、山梗菜碱或回苏灵等，同时给氧。昏迷者针刺人中、十宣、涌泉等穴。
重铬酸钠	致癌物。急性中毒：吸入后刺激呼吸道，导致哮喘、化学性肺炎。误服后刺激和腐蚀消化道，恶心、腹痛、腹泻、便血，重者出现呼吸困难、紫绀、休克、肝损害及急性肾衰竭等。慢性中毒：皮炎、呼吸道炎症等。	吸入：迅速转移至空气新鲜处，保持呼吸道畅通，呼吸困难时要给氧，必要时进行人工呼吸。误服：立即漱口，用清水或1%稀硫代硫酸钠溶液洗胃，饮少量牛奶或蛋清，保护胃黏膜。皮肤接触：脱去污染的衣物，用肥皂水和清水彻底冲洗皮肤。

附录 4　放射性核素毒性分组*

剧毒组										
^{210}Pb	^{226}Ra	^{227}Th	^{231}Pa	^{233}U	^{238}Pu	^{241}Pu	^{243}Am	^{244}Cm	^{249}Cf	
^{210}Po	^{228}Ra	^{228}Th	^{230}U	^{234}U	^{239}Pu	^{242}Pu	^{242}Cm	^{245}Cm	^{250}Cf	
^{223}Ra	^{227}Ac	^{230}Th	^{232}U	^{237}Np	^{240}Pu	^{241}Am	^{243}Cm	^{246}Cm	^{252}Cf	
高毒组										
^{22}Na	^{56}Co	^{95}Zr	^{124}Sb	^{126}I	^{140}Ba	^{170}Tm	^{207}Bi	^{228}Ac		
^{36}Cl	^{60}Co	^{106}Ru	^{125}Sb	^{131}I	^{144}Ce	^{181}Hf	^{210}Bi	^{230}Pa		
^{45}Ca	^{89}Sr	^{110m}Ag	^{127m}Te	^{133}I	^{152}Eu	^{182}Ta	^{211}At	^{234}Th		
^{46}Sc	^{90}Sr	^{115m}Cd	^{129m}Te	^{134}Cs	^{154}Eu	^{192}Ir	^{212}Pb	^{236}U		
^{54}Mn	^{91}Y	^{114m}In	^{124}I	^{137}Cs	^{160}Tb	^{204}Tl	^{224}Ra	^{249}Bk		
中毒组										
^{7}Be	^{48}Sc	^{65}Zn	^{91}Sr	^{103}Ru	^{125m}Te	^{140}La	^{153}Gd	^{183}Re	^{199}Au	^{233}Pa
^{14}C	^{48}V	^{69m}Zn	^{90}Y	^{105}Ru	^{127}Te	^{141}Ce	^{159}Gd	^{186}Re	^{197}Hg	^{239}Np
^{18}F	^{51}Cr	^{72}Ga	^{92}Y	^{106}Rh	^{129}Te	^{143}Ce	^{165}Dy	^{188}Re	^{197m}Hg	
^{24}Na	^{52}Mn	^{73}As	^{93}Y	^{103}Pd	^{131m}Te	^{142}Pr	^{166}Dy	^{185}Re	^{203}Hg	
^{38}Cl	^{56}Mn	^{74}As	^{97}Zr	^{109}Pd	^{132}Te	^{143}Pr	^{166}Ho	^{191}Os	^{200}Tl	
^{31}Si	^{52}Fe	^{76}As	^{93m}Nb	^{105}Ag	^{130}I	^{147}Nd	^{169}Er	^{193}Os	^{201}Tl	
^{32}P	^{55}Fe	^{77}As	^{95}Nb	^{111}Ag	^{132}I	^{149}Nd	^{171}Er	^{190}Ir	^{202}Tl	
^{35}S	^{59}Fe	^{75}Se	^{99}Mo	^{109}Cd	^{134}I	^{147}Pm	^{171}Tm	^{194}Ir	^{203}Pb	
^{41}Ar	^{57}Co	^{82}Br	^{96}Tc	^{115}Cd	^{135}I	^{149}Pm	^{175}Yb	^{191}Pt	^{206}Bi	
^{42}K	^{58}Co	^{85m}Kr	^{97m}Tc	^{115m}In	^{135}Xe	^{151}Sm	^{177}Lu	^{193}Pt	^{212}Bi	
^{43}K	^{63}Ni	^{87}Kr	^{97}Tc	^{113}Sn	^{131}Cs	^{153}Sm	^{181}W	^{197}Pt	^{220}Rn	
^{47}Ca	^{65}Ni	^{86}Rb	^{99}Tc	^{125}Sn	^{136}Cs	^{152}Eu	^{185}W	^{196}Au	^{222}Rn	
^{47}Sc	^{64}Cu	^{85}Sr	^{97}Ru	^{122}Sb	^{131}Ba	^{155}Eu	^{187}W	^{198}Au	^{231}Th	
低毒组										
^{3}H	^{58m}Co	^{71}Ge	^{87}Rb	^{97}Nb	^{103m}Rh	^{129}I	^{134m}Cs	^{187}Re	^{197m}Pt	^{235}U
^{15}O	^{59}Ni	^{85}Kr	^{91m}Y	^{96m}Tc	^{113m}In	^{131m}Xe	^{135}Cs	^{191m}Os	^{232}Th	^{238}U
^{37}Ar	^{69}Zn	^{85m}Sr	^{93}Zr	^{99m}Tc	^{125}I	^{135}Xe	^{147m}S	^{193m}Pt	^{Nat}Th**	^{Nat}U

* Safe Handling of Radionuclides，IAEA Safety Standards，1973.

** Nat 表示天然产物。

附录5　北京大学化学与分子工程学院安全管理责任体系和规章制度

为了贯彻执行消防法规、保障化学楼安全的工作环境，北京大学化学与分子工程学院（以下简称“化学学院”）坚持从法制的高度进行安全管理工作，制定了一整套安全管理制度，主要的规章制度有：

《化学实验室安全制度》
《关于实验室化学试剂管理的若干规定》
《关于剧毒物品管理的规定（校发文）》
《关于剧毒试剂管理的补充规定》
《关于危险化学废物处理办法的规定》
《实验室安全责任书》
《化学学院消防安全管理条例》
《化学学院防火安全责任书》
《化学学院义务消防队组织条例》
《化学楼消防应急预案》
《化学学院保安人员岗位职责》
《化学学院门卫制度》
《关于在化学楼内禁止吸烟的规定》
《化学学院关于辐射防护管理的规定》
《关于各种违章处罚办法的规定》

化学学院的全体教职工、学生以及短期在化学楼从事实验工作的院外或校外人员都有义务熟悉和执行这些规章制度。

一、安全责任体系

保障安全、维护化学楼的安全环境是全院每个人应尽的责任。按照安全工作实行责任落实和组织落实的原则，依据国家有关法规，本院实行如下的安全责任制：

1. 院长及分管副院长

院长是本院安全工作第一责任人，对本院的安全全面负责，对本院发生的重大安全事故承担行政责任。分管安全的副院长负责全院的日常安全管理。其主要职责是：掌握本院的消防安全情况，保障本院的消防安全符合法规和政府的有关规定；保证本单位化学危险品的安全管理符合有关法律、法规、规章的规定；对院综合管理委员会（含院安委会职能）提供人事和经费支持；批准实施安全管理制度；批准建立义务消防队；督促落实火灾隐患整改，及时处理涉及消防安全的重大问题等。

2. 院综合管理委员会

院综合管理委员会负责全院日常的安全管理工作；行使院安委会的职能；制定本院的各项安全管理制度；定期进行全院安全检查；处理各种违章行为和安全事故。

院综合管理委员会由教师、技术人员、行政人员及学生代表组成，主任由分管安全保卫工作的副院长兼任，设副主任2人，分别由院综合办公室成员和院安全员兼任。院综合管理委员会的副主任及委员由主任提名、报院长办公会批准。

根据人员变化情况，院综合管理委员会的成员将适时进行调整。

3. 院安全员

学院设专职或兼职安全员，院安全员是学院的安全管理人，协助主管副院长具体负责安全管理制度的实施，包括对实验室进行安全检查和监督；纠正违章；处理安全事故；编写安全工作简报；指导院保安班的工作；保持与校保卫部的联系；在主管副院长与院综合办公室、各实验室、院门卫保安室之间起工作协调作用。院安全员直接对主管副院长负责。

4. 系、所、中心负责人

系、所、中心的主任或所长是本单位的消防安全责任人，对本单位的安全全面负责；对实验室主任或安全员的日常安全管理工作给以支持和督促；保证各项安全管理制度在本单位得以落实。

院属企业及院附属单位的负责人是本单位的消防安全责任人，负有与系、所、中心负责人相同的安全责任。这些单位可以设 1 名安全员，具体负责本单位日常的安全管理工作。

5. 实验室主任

实验室主任是系、所、中心的安全管理人，具体负责本单位日常安全管理工作；保证学校和本院的各项安全管理制度在本单位得以落实；结合本单位的实际情况制定具体的安全管理制度和危险性实验的操作规程。

6. 学术小组组长

确保本组所有成员遵守学校和本院的安全管理制度；负责对本组新成员（教师、学生及临时人员）的安全培训；负责制定或指导制定各种实验（尤其是具有危险性的实验）的操作程序；示范和指导危险性操作；注意发现和及时消除本组存在的安全隐患。

7. 教师及研究人员

遵守学校和本院的安全管理制度；协助学术小组组长对所指导的学生及临时人员进行安全培训；对所进行实验的危险性有认真的估计，并制定预防事故的可靠措施。

8. 实验课主讲教师

实验课主讲教师应结合本课程和本实验室的具体情况，在开课前向全体学生进行安全教育，给学生提出具体的实验安全指南和忠告。

9. 院门卫保安室和消防中控室

严格执行本院的门卫制度；负责监控化学楼火灾报警系统、视频监控与红外防盗报警系统和电梯报警（发现报警及时到现场查看，并视情况按规定进行处置）；负责化学楼夜间（节假日全天）楼内和院内的安全巡视；参与处理各种突发事故。

10. 化学楼夜间安全值班员

负责化学楼夜间楼内和院内的安全巡视(巡视不少于每小时1次);发现突发事故或事故苗头立即组织保安人员一起处理,若事故比较严重,则视情况向有关领导或有关部门报告。

11. 签订责任书

主管副院长与学校主管领导及有关部门签订安全责任书,院属各单位、各学术小组的负责人都须与化学学院签订《防火安全责任书》。学术小组负责人与本组每个成员签订《实验室安全责任书》。

二、安全教育和培训

为确保在化学楼从事实验和研究的所有人员(教师、学生及短期人员)有足够的自我健康保护知识和防火防爆知识、熟悉本院的各项安全管理制度、增强安全意识、树立“保障安全,人人有责”的观念,本院实行以下安全教育和培训程序:

(1) 本科生和外校考入研究生由化学学院统一安排1个学分的安全课并进行考试,考试合格后方可获得学分并进入实验室做实验,考试不合格者需补考。

(2) 新教师及其他新成员在开始实验工作之前,凡未经本院安全培训的都必须经过安全培训,方式是由院安全员组织新教师及其他新成员进行一次集中安全培训,然后自学本教程并进行考试。实验室短期聘用人员通过考试后,还须填写“实验室短期聘用人员登记表”,此表在送交院办公室之前需要本人、学术小组组长和实验室主任签字。

(3) 对于从事危险性较大的实验工作(易燃易爆、放射、辐射、高压、激光等)的人员,还须填写“从事危险性实验人员登记表”,填写此表之前学术小组组长(或直接负责的教师)应组织必要的培训。培训内容包括危险性实验的安全操作及相关的知识介绍,可在院资料室查阅《危险化学品安全技术全书》、《易燃易爆化学危险品安全操作与管理》,或向院安全员、院辐射防护组的负责人进行咨询。此表交院办公室之前需要本人、学术组长和实验室主任签字。从事有关放射和辐射实验工作的人员应将北京市有关管理部门培训考核后的上岗证复印件交院安全员一份备案。

附录6　实验室安全事故典型案例

“安全第一!”、“居安思危!”、“防患于未然!”，这些用鲜血和生命换来的警句无不时时刻刻地提醒着人们：要警惕安全事故及悲剧的发生，要随时消除安全隐患，把事故和悲剧克服于萌芽状态。

任何安全事故和悲剧的发生都有其必然性，都是与人们不重视安全管理、不懂得安全知识、违章操作等因素联系在一起的。前车之辙，后车之鉴。以下列举了一些较典型的安全事故案例，希望读者引以为戒。

一、实验室火灾事故

➢ **美国加州大学实验室火灾**

2008年12月29日，美国加州大学洛杉矶分校(UCLA)学生S. Sangji在实验过程中引发火灾，造成Ⅲ度烧伤，18天后死亡。随后，S. Sangji的导师P. Harran和加州大学洛杉矶分校(UCLA)被告上法庭。据2012年1月5日*Nature*杂志报道，美国洛杉矶地方法院判决P. Harran和UCLA有罪(共三条罪状，均为“willful violation of an occupational health and safety standard causing the death of an employee”)。截至2012年8月27日，案件还在审理中。如果罪名成立的话，P. Harran将面临4.5年的牢狱之灾，而UCLA也将面临每条罪状高达150万美元的罚款。该起涉及刑事责任的事故引发科学领域广泛热议。

➢ **化学药品管理不善引发火灾**

2011年10月，湖南省某大学化工学院实验楼突发火灾，现场火势凶猛、浓烟滚滚，过火面积约500平方米。当地消防部门调集6个中队、13辆消防车、80余名消防官兵赶赴现场，经过2个小时的努力才将大火扑灭。据报道，当地消防部门认为该校对实验用化学药品管理不善，未将遇水自燃的药品放置于符合安全条件的储存场所是导致起火的主要原因。

1993年8月5日下午1点多，一声轰天巨响之后，深圳某危险品仓库周围一平方公里内的建筑物转眼被摧毁。4000余名武警、公安消防人员、解放军防化兵以及有关领导、新闻记者，从四面八方赶赴出事现场。下午2点28分又发生第二次大爆炸，随着第二次爆炸声起，他们中一些人再也没能站起来。一时间火海浓烟吞没了深圳北站的一方天地，爆炸引发的大火深夜仍在蔓延。次日清晨5时，大火才被扑灭。清水河危险品仓库这次爆炸，造成直接经济损失2.4亿元以上，8人失踪，死亡人数达15人，重伤25人，深圳 22 家医院收治伤员 620 多人次，其中住院留医 130 人，爆炸中 3 栋仓库被炸毁，12 栋局部燃烧。这起严重事故的主要原因是将干杂仓库违章改做危险品仓库及仓库内化学品存放严重违章，而库内氧化剂与还原剂发生接触是爆炸的直接原因。

➢ 离开实验室前未关闭仪器电源导致失火

2009 年 11 月，中科院某研究所一实验室因实验室人员白天做完实验后未及时关闭实验仪器，实验材料持续反应发生火灾。

2008 年 6 月 6 日，北京某高校实验室失火，楼内上百名师生被紧急疏散，事故未造成人员伤亡。事发时一名学生在里面做实验，仪器开着人却中途离开，结果导致火灾。

2006 年 5 月，山东省某高校一实验室的实验人员用电炉加热铝锅内石蜡来做土壤提取实验，做完实验后忘记拔掉插头就离开了，致使铝锅内石蜡过热自燃，引燃了旁边的可燃物从而引发火灾。

➢ 未严格规范操作引火烧身

1991 年 4 月 4 日，北京某大学化学系本科生王某做减压蒸馏实验时，因洗涤过氧化物不够彻底，在蒸馏液中残存相当量的过氧化物，当瓶内温度升高时引起爆炸起火。王某被气浪掀倒在地，爬起后带伤跑出屋外。同屋两个同学随之也向外跑，其中齐某同学（女）头发部分烧焦，夏某同学手被划破。事故发生后，同楼层的同学用灭火器把火熄灭，但未进屋检查而都去救人。过不多久，屋内响起了第二次爆炸（天然气灯阀门未关，燃气遇火爆炸），此时已黑烟弥漫。经消防员奋力扑救，才将火熄灭。大火烧掉实验室（约 40 平方米）内所有的物品，实验室的墙面及窗户也遭到不同程度的破坏，直接经济损失约 2 万元。这次事故使王某脸、颈、胸、双臂等处被爆炸产生的玻璃碴扎伤，右手烫伤严重。

➢ 马虎大意引发大火，安全知识欠缺火上浇油

1984 年 11 月某日下午 5 时多，某高校生物系教师李某在遗传准备室（与标本室一墙之隔）做完实验，欲用开水时发现暖瓶空空，遂用铝壶接来多半壶凉水，又将一个 800 瓦的电炉垫上一块方砖放在木制实验台上，接通电源烧水。这时，李忽然想起家中厕所堵塞还等他掏通，于是他关门回家了（李的宿舍距此仅百步之远）。他本打算晚饭后再来，可踏进家门，应付了一通家务，吃了晚饭，掏通厕所后已是晚上 9 点多钟了。这时，50 多岁的他觉得疲乏，力不从心，便上床休息了，实验室的电炉他已忘得一干二净。电炉上的半铝壶水从下午 5 时半到凌晨 2 点烧了将近 9 个小时，水烧干了，壶烧化了，火灾发生了。

火灾初起，本来可以扑灭，可是这里同社会上其他一些单位一样，发生了令人哭笑不得的事情。

遗传准备室与植物标本室屋顶相连，砖墙相隔，中间有一门，有木柜隔挡着，两屋都另有正门通向楼道。当夜，准备室门锁着，标本室有一男一女两名同学正在刻苦攻读，准备考研究生。他们学习到凌晨 2 点 15 分，起身欲离时突然听到隔壁有噼噼啪啪的响声。起初以为是养的小白鼠在作怪，细听声音连续不断，越来越高。男同学通过隔门向实验室探望，发现里面着火了，遂转身走出标本室，来到准备室门前，一看门锁着，便用胳膊肘捅破玻璃，欲拿盆取水灭火，却发现所有楼里的门都锁着，找不到水管。男同学告诉女同学去找系值班生(住一层)。值班生闻讯跑上楼来，三人一起灭火。他们打开楼梯间的消火栓，但水带口与消火栓口对不上，水也流不出。三人便到一楼取灭火工具。他们抱来了五只泡沫灭火器，但都喷不出半米远。这时，他们觉得凭自己的力量已经无法控制火势，于是分头行动，一人到李某家取钥匙，一人到宿舍喊同学，另一人去报警。这边，报警的同学搞不清火警电话，先求救“114”，后又拨“119”。另一边，教师、同学们闻讯很快赶来了，钥匙也取来了，随着房门的打开，火势进一步升腾起来，直窜屋顶，向标本室蔓延。取钥匙的同学见消防车还未来，只身冲入标本室抢救物品。他先打开一扇窗户，将他们学习的一对书包扔出，又搬了台显微镜。说时迟，那时快，火势已经封闭了标本室的门。见此，该同学又慌忙打开了另一扇窗户，在地面同学的搭救下，跳了下去。之后不久，火焰便吞噬了大半个标本室。从发现火到这时也就是20多分钟的样子，人们不禁要问，火怎么着得这么快？原来，那三名同学在灭火工具不奏效、火势无法控制的情况下，接二连三地打开窗户，使得空气对流，助长了火势。加之室内存有十几瓶(每瓶1500 mL)实验用的乙醇、二甲苯等易燃液体爆裂助燃，将火势推向猛烈阶段。

这场大火将标本室内珍贵的植物标本化为乌有。该标本室是该校苦心经营了半个世纪、用来教学和科研的唯一一块“植物园地”，室内存放着各种植物标本5.4万号。这些不同种类的标本，历史久远，是该校自1932年以来陆续收藏的，拥有全国各省市(台湾省除外)的植物本样，其中40号标本曾是该校在国内首次发现、得到国际承认的珍品，有不少部分还是通过学术交流从日本、美国、前苏联、加拿大等国挽回的。据一位行家介绍，收购一个标本最少也得80元(按当时价计)，照这样算5.4万号标本相当于430万元。但是，经历了坎坷和动乱年月的这些标本，其实际价值远远不止这些。

这起火灾事故是因为一位教师的思想麻痹造成的。在救火中，学生们以及值班生所暴露出的问题，还有消防车到场后，开门老翁不给开大门等等情况，都引人深思，教训深刻。

二、实验室爆炸事故

➢ 化学爆炸事故频发

2011年3月21日，武汉某科研院所实验室内发生爆炸，爆炸的巨大冲击波将走廊内的三扇大窗户炸飞，并将实验室里间的墙体炸掉一半，事故造成三人受伤。

2009年10月24日，北京某大学实验室发生爆炸事故，造成一名老师、两名学生和两名某设备公司人员受伤。据当事人介绍，爆炸的厌氧培养箱为新购进的设备，调试中可能因压力不稳引发了事故。

2008年7月11日，云南省某大学一名博士生在实验室做实验时发生化学爆炸，面部被严重炸伤，最大的伤口深至骨头，左手手掌损伤，只留下拇指，右手只有拇指和食指健全。

2006 年 12 月 5 日，四川省某大学化学实验室发生爆炸，爆炸中心是气相实验室，事故造成一位老师当场死亡，三名研究生重伤，其中一位在医院被摘除脾脏。

2006 年 9 月 24 日，西安某大学绝缘研究中心实验室内某兄弟俩用小型电动搅拌器搅拌塑料水桶内的不明物质时，突然发出带有冲击波的一声闷响引发爆炸。蹲在地上围着搅拌桶的兄弟二人身上迅速燃起明火，随后引燃室内易燃物品。兄弟俩一个不幸因抢救无效死亡，一个被烧成重伤。

2005 年，某大学化学实验室沈同学用圆底烧瓶做合成反应时，她按文献中的方法将反应物用量缩小 50 倍重复进行实验，但反应后补加双氧水时没有减量，仍然按原文献用量加了 15 mL 双氧水(实际只需 0.3 mL)。这样，过量的过氧化物在热的情况下和丙酮发生剧烈的分解反应，导致爆炸，致使 4 名同学受伤。

上海某科研院所化学实验室，某学生用油泵抽干溶剂后，用牛角匙刮取附着在瓶壁上的产物，当即发生了爆炸，碎玻璃将她的脸和左手手指炸伤。通风柜防爆玻璃门被碎玻璃击穿若干小孔，分液漏斗被击碎。

➢ **电冰箱爆炸屡见不鲜**

近年来，各高校及科研院所实验室大量使用未安装防爆装置的普通电冰箱存放各类有机溶剂，从而引发众多电冰箱爆炸事故。某有机化学研究所电冰箱发生爆炸，原因是工作人员将实验用的石油醚放入冰箱内，泄漏出的易燃蒸气达到爆炸极限后，冰箱内的电器控制开关打火引起爆炸。某科学院化学所使用的一台冰箱发生爆炸，烧毁了实验大厅内的部分仪器，原因是冰箱内存放了正戊烷。某农科院实验室的一台冰箱爆炸起火，鉴定结果是该实验室的工作人员在冰箱里存放了丙酮等有机溶剂。

三、实验室电气事故

2005 年 1 月，南京某大学学生在做电工实验时不慎触电身亡。当天实验名为“三相异步电动机的继电接触控制”，实验电压 380 V，每个学生一个实验台。该学生突然出现触电后虽及时送到医院但悲剧还是发生了。

2005 年 8 月，北京某大学化学系学生在实验室做化学实验，因中午出去吃饭忘了关闭电源，实验仪器在无人照看情况下运转，继而电线短路引发实验室火灾。

2004 年 2 月，北京某高校实验室发生电气事故。消防部门认定事故原因是插线板引起：插线板电线过长且没有固定，位于工作台和墙体之间的电线长期受到工作台震动挤压，部分电线中铜线断开从而引发火灾。事故造成部分仪器设备和消防设施受损、室内天花板毁坏。

四、危险化学品事故

➢ 危险化学品泄漏

2009 年 7 月 21 日，台湾省某大学附属医院实验室早上发生气体外泄事件，疑似因为实验室装在容器里的过锰酸钾突然爆裂导致气体散出。附近人员紧急疏散，消防部门也出动化学车和云梯车前往救援。

2007 年 10 月 19 日，北京某大学由于学生做实验不慎拧断容器阀门，造成实验室发生氢气和硼烷泄漏。在场学生立即打开窗户通风，近百名师生及时疏散，幸而未有人员受伤。

2005 年 4 月 28 日，上海某大学一实验室氯气罐发生泄露，造成 4 人当场受伤，其中 2 人伤势较为严重。

2004 年 3 月，四川省某大学实验室发生易燃易爆气体泄漏，丁二烯气体从一个出现阀门故障的气瓶中喷泻而出。如达到爆炸浓度，一点火星就可能引发爆炸。所幸消防官兵及时赶到并排除故障，大楼爆炸危机才得以解除。

2002 年 8 月，北京某大学电镜实验室一研究生利用准分子激光器进行激光制模实验，在更换氟-氦混合气体时，气体阀门失效造成气体泄漏。由于惊慌失措，该生未能及时关闭总阀门，导致北京市派出两个消防中队和一个防化兵中队前往现场，整个主楼区武警戒严。

➢ 危险化学品中毒

2009 年 7 月 3 日，浙江某大学化学系博士生袁某发现博士生于某昏厥倒在催化研究所 211 室，袁某便呼喊老师寻求帮助，并拨打 120 急救电话，随后袁本人也晕倒在地。于某抢救无效死亡，袁某留院观察治疗，于次日出院。事故原因是教师莫某、徐某于事发当日在化学系催化研究所做实验过程中，存在误将本应接入 307 实验室的一氧化碳气体接至通向 211 室输气管的行为。

1994 年 12 月，北京某大学化学系大三学生朱某发生深度铊中毒，中毒者先是感到浑身疼痛，头发脱落，四个月后该生处于昏迷状态。其高中同学通过互联网向世界知名专家求救才获得医治该病的信息，最后确认为铊中毒并服用普鲁士蓝解毒。但由于铊离子在体内滞留的时间太长，朱某的神经系统遭到严重损害，视觉几乎完全丧失，机体功能也受到严重损伤，留下永久的严重后遗症，生活根本无法自理，必须由年迈的父母照料生活起居。时隔两年多，北京另一高校也发生铊投毒事件。由于犯罪嫌疑人悬崖勒马，主动交代投毒的情况，医院对两名受害人及时用了解药，方转危为安。

五、压力容器事故

➢ 气瓶漏气

2009 年 12 月 5 日，北京某研究所气瓶室发生爆炸，一名女研究生被飞溅的玻璃片划伤，楼内多个实验室玻璃和仪器损坏。消防部门初步调查，发现气瓶室内的乙炔气瓶漏气，可能因实验室内有仪器带电，所以发生了爆炸。

➢ 劣质压力容器是事故杀手

2004年2月，北京某大学一实验室发生高压反应釜破裂爆炸事故。当时实验室屋内一博士生在查资料，突然听见“砰”的一声巨响，回头一看发现屋内的烧结炉破裂，炉盖翻开，炉体因膨胀变形，炉膛内部部分坍塌，一些耐火材料喷出。事故原因可能是采用的加热炉不合适，所使用的反应釜是没有资质的厂家生产的不合格产品，并且没有进行必要的定期安全检查。

2001年12月，北京某大学一化学实验室通风柜中正在运行的500 mL高压反应釜发生爆炸。由于压力太大，法兰上的螺丝钉滑扣，六个螺丝像子弹头将通风柜扎出六个孔，釜盖冲开把通风柜扎出一窟窿，通风柜的玻璃柜门被震碎；釜体把通风柜台面扎穿，还将地面扎出约10厘米的坑。幸亏爆炸方向与人平行，而且爆炸时张某正准备工作但还没动手，因而只是被爆炸时溅出的热溶液和玻璃碴造成面部和眼部轻伤。如爆炸方向稍有改变，完全有可能产生悲剧性后果。爆炸事故产生的原因为：(1) 该实验是张某私自为某公司进行的实验，因而实验时没有得到导师应有的指导或限制；(2) 所用反应釜不是正规产品，而且没有可靠的控温和测温手段；(3) 在没有可靠的控温和测温手段的情况下，张某就仓促进行实验。

➢ 违规操作酿大祸

压力容器事故在工厂企业的实验室、车间也经常发生，曾经在浙江温州一液氯灌装厂就发生了非常惨烈的爆炸事故。该液氯灌装厂面积大约八九百平方米，一侧放着一个10吨左右的液氯储罐(灌液氯要储罐)。当天上午10点已灌好了三个1吨、一个0.5吨钢瓶，还有一个0.5吨钢瓶正在灌，不一会就发生了爆炸。当时巨响震天，像一颗小原子弹爆炸似的巨大蘑菇云气柱冲天而起，高达40米，气柱夹杂砖、石及钢瓶碎片飞向四方。强大的气浪使钢筋混凝土结构厂房全部倒塌，附近办公楼及厂区周围280余间民房受到不同程度破坏。爆炸中心水泥地上炸出一个深1.82米、直径6米的大坑。一只重1700多公斤的液氯钢瓶飞过12米高的高压线坠落在离爆炸中心30多米的盐仓库，里面正有60多名工人在干活，最后死了40个。还有一钢瓶片飞过800多米，落在水泥马路上，落地后弹起将一老大娘当场砸死。另外，灌气车间有8名工人更惨，被炸得四分五裂，找了两天都没有找到一具全尸，家属极其痛心。这起严重事故的最直接责任在于使用钢瓶的村办小厂。它生产氯化石蜡，使用液氯时没有缓冲器和防止倒灌装置，而且在抽真空状态下使用气体，把气体全用光了，等真空泵停下来时氯化石蜡倒灌入钢瓶百余公斤。另外的责任就在液氯灌装厂。按规定灌气之前应该抽取钢瓶内部分气体检验，他们没有这么办而直接灌装，事故于是发生了。

六、五花八门的其他类事故

➢ 美国耶鲁大学女生因头发被车床绞缠死于实验室

据*Nature*网站报道，耶鲁大学天文物理学专业大四女生米歇尔 2011 年 4 月 13 日凌晨死于化学实验室。耶鲁大学校长在致全校师生的公开信中说，米歇尔在位于实验楼地下室的机械间操作车床时，头发被车床绞缠，最终导致“颈部受压迫窒息身亡”，在同一栋楼的学生发现了其尸体并报了警。米歇尔再过一个月就要毕业了，学院师生们为米歇尔的逝世感到悲痛和惋惜。

➢ 某大学师生感染布鲁氏菌病

2011 年 3 月至 5 月，黑龙江省某大学 27 名学生和 1 名教师，相继被确诊感染了布鲁氏菌病。9 月 5 日，该校召开新闻发布会，通报该校动物医学学院 27 名学生及 1 名教师因使用 4 只未检疫山羊进行实验而感染布鲁氏菌病的情况，并表示深深歉意。该事件曝光后，引起国际媒体的关注，美国*Science*网站对此进行了报道。

➢ 实验室液体飞溅伤人

2009 年 12 月，北京某大学学生在基础工业训练中心做实验时，电阻坩埚熔化炉内的金属液体意外飞溅，引燃旁边垃圾桶内的可燃物，导致一名教师和三名学生不同程度烫伤。

➢ 机械实验中拇指被齿轮咬碎

2009 年 7 月，四川省某大学机械传动国家重点实验室内，几名同学正在做机械实验。伴着一声惨叫，同学们发现李某的手指被卷入车床的齿轮内，右手的整个大拇指被齿轮绞得粉碎。随后，李某被送往医院急救。医生表示，该生的大拇指和食指第一关节几乎粉碎。

➢ 误操作事故

2007 年 8 月，某高校实验室李某在准备处理一瓶四氢呋喃时，没有仔细核对，误将一瓶硝基甲烷当做四氢呋喃投到氢氧化钠中。约过了一分钟，试剂瓶中冒出了白烟。李某立即将通风柜玻璃门拉下，此时瓶口的烟变成黑色泡沫状液体。李某叫来同实验室的一名博士后请教解决方法时，即发生了爆炸，玻璃碎片将二人的手臂割伤。

➢ 废弃物处理事故

2004 年 3 月，某高校化学实验室王某将 1 L 工业乙醇倒入放在水槽中的塑料盆，然后将金属钠皮用剪刀剪成小块，放入盆中。开始时反应较慢，不久盆内温度升高，反应激烈。当事人立即拉下通风柜，把剪刀随手放在水槽边。这时水槽边的废溶剂桶外壳突然着火，并迅速引燃了水槽中的乙醇。当事人立刻将燃烧的废溶剂桶拿到走廊上，同时用灭火器扑救水槽中燃烧的乙醇。此时走廊上火势也逐渐扩大，直至引燃了四扇门框。